KB051590

이상할지 모르지만 과학자입니다

거미줄 바이올린

KUMO NO ITO DE VIOLIN
by Shigeyoshi Osaki

First published 2016 by Iwanami Shoten, Publishers, Tokyo.
This Korean print form edition published 2019
by Book21 Publishing Group., Paju-si
by arrangement with Iwanami Shoten, Publishers, Tokyo
through Eric yang Agency, Seoul.

01과 이상할지 모르지만 과학자입니다

거미줄 바이올린

오사키 시게요시 지음
최재천 감수
박현아 옮김

arte

재미로 하는 연구가 종종 필요로 하는 연구를 능가한다. 의과대학 교수가 취미로 시작한 거미 관찰이 끝내 거미줄로 트럭을 끌고 바이올린 현을 만들어 스트라디바리우스로 차이콥스키의 「바이올린 협주곡 2장」을 연주해 세계를 감동시키는 데까지 이른다. 천재는 노력하는 자를 이길 수 없고 노력하는 자는 즐기는 자를 이길 수 없다 하지 않는가? 과학자에게 쓸데없는 연구를 허하라!

- 최재천 생명다양성재단 대표, 이화여대 생명과학부 석좌교수

오래된 집 처마 끝이나 앙상한 나뭇가지에 거미줄을 치고 살아가는 거미들을 보면, 도대체 이 녀석들은 어떻게 이런 방식으로 살게 됐는지 궁금하지 않을 수 없다. 가늘면서도 질긴 거미줄에 매달려 보려는 사람들도 있었고, 거미줄로 트럭을 끌어 보려 시도했던 방송국도 있었다. 지난 100년간, 거미줄을 공학적으로 이용하려는 엔지니어들도 숱하게 등장했다.

그런데 여기 거미줄을 다발로 묶어 바이올린 현으로 만들어 연주를 하려는 과학자가 있다. 거미줄에 대한 물리학적 연구와 공학적 응용, 그리고 바이올린 음향에 대한 연구와 심지어 연주 레슨까지. 무엇보다 이 둘의 행복한 결합! 흥미롭게도 그는 이 과정을 통해 얻게 된 과학적 성과물을 세계적인 물리학 저널에 투고해 심사위원들과 100일 동안 논쟁하고, 결국 저널에 논문을 싣게 된다.

집요하다 못해 이상하게까지 보이는 한 과학자의 눈물겨운 거미줄 탐구기가 이 책에 고스란히 담겨 있다. 저자는 담담하게 써 내려갔지만, 우리는 이 책에서 자연에 대한 깊은 탐구 정신과 포기할 줄 모르는 불굴의 공학 정신에 경외감을 느끼게 된다. 이것이 바로 우리 과학자들이다.

- 정재승 뇌과학자, 『과학콘서트』, 『열두 발자국』 저자

시작하며

어느 휴일의 일이다. 우리 집 응접실에서 처음으로 거미줄 현을 바이올린에 걸어 보았다.

현이라기보다 끈이라고 말하는 편이 나을지도 모른다. 짧은 거미줄 다발을 몇 개 연결한 것뿐이기 때문이다. 적절한 강도를 모르진 않지만 어쨌든 세게 잡아당기면 틀림없이 끊어질 것이다. 그 끈을 활로 켜 보았다.

그랬더니 놀랍게도 소리가 났다. 기쁜 나머지 "소리가 난다!" 하고 큰 소리로 말하고 말았다. 내 기쁨이 전달된 건지 지금까지 관심을 보이지 않았던 아내까지 다른 방에서 뛰어왔다.

어떤 것이든 물리적으로는 소리가 난다. 일반적인 음정 수준에는 한참 못 미친다고는 하나 어쨌든 거미줄로 바이올린 소리를 낸 건 감동이었다.

그렇지만 그 후에 거미줄 끈을 현 수준으로 만드는 일은 실패를 거듭했다. 커뮤니케이션 기술을 갈고닦아 거미의 비위를 맞추고 긴 거미줄을 뽑아 튼튼한 현을 만들어야만 했다. 하지만 가까스로 만든 거미줄 현이 바로 끊어지는 등 악전고투의 나날이 계속되었다.

나는 40년에 걸쳐 거미줄의 성질을 다양하게 연구해 왔다. 그러나 바이올린 현처럼 가늘고 강도가 있는 거미줄 다발은 완전히 미지의 영역이었다. 약 10년 전에 19만 개나 되는 거미줄을 모아 아쿠타가와 류노스케의 소설 「거미줄」에서처럼 사람이 거미줄에 매달리는 실험에 성공했다. 그때 사용한 거미줄 다발은 두껍고 짧았으며 강도는 있었지만 일시적이었다. 현처럼 가늘고 길었지만 강도가 지속되지는 않았다.

바이올린을 만져 본 적도 없었던 나는 모르는 것 천지였다. 그래서 먼저 바이올린 레슨을 받기로 결심하고 켜는 방법, 튜닝 방법, 끊어지기 쉬운 현을 세팅하는 방법 등 다양한 과제를 수행하기에 이르렀다.

그리고 마침내 거미줄로 잘 끊어지지 않는 현을 만들어 바이올린을 연주하는 데 성공했다. 부드럽고 깊이 있는 독특한 음색을 드디어 실현한 것이다. 이러한 노력의 결실로 미국 물리학회지《피지컬 리뷰 레터Physical Review Letters》에 논문이 게재되었다. 이 논문에 음성 데이터를 첨부하여 거미줄 바이올린의 음색이 세계에 울려 퍼졌다. 여기에 이르기까지의 과정을 나와 함께 거슬러 가 보자.

차례

제3장 바이올린에 도전!

제4장 마법의 실과 음색의 비밀

제5장 음색이 세계에 울려 퍼지다

제 1 장

거미를 좀 더 알아보자

거미와의 만남

나와 거미의 인연은 40년 전으로 거슬러 올라간다. 대학원 박사과정을 끝낸 후, 나는 점착지粘着紙를 연구했다. '점착'이란 한 번 붙였다가도 다시 떼어 낼 수 있는 현상이다. 이 분야의 연구 성과를 전체적으로 설명하고 정리하는 과정에서 문득 끈적거리는 거미집이 머릿속에 떠올랐다.

알아보았더니 거미줄의 물리화학적인 특성 연구는 세계적으로도 거의 이뤄지지 않은 것 같았다. 그때부터 이 미개척 분야에 매력을 느끼고 거미와 어울리기 시작했다.

당시에는 생물의 분류 체계를 세우기 위해 실제로 현장에 나가서 연구하는 분류학이 거미학의 중심이었다. 섬유 연구 분야에서는 세계적으로 합성섬유가 한창 인기를 얻고 있었다. 그리

고 '연구는 실험실에서 하는 것'이라고 인식하던 사람이 대부분이었다. 특히 그 시기에는 방향이 명확한 분야를 연구하도록 장려했기에 거미줄처럼 주제가 명확하지 않은 분야의 연구는 허용되지 않았다. 거미줄 채집부터 시작해 거미에게서 실을 뽑아내야만 하는 거미줄 연구 같은 건 고작 놀이 취급을 받을 뿐이었다. 이런 상황이다 보니 실험실 안에서 완결되는 연구에 비해 생물을 상대로 한 연구는 논문을 쓰기 어려웠다. 거미줄 연구가 거의 진행되지 않은 것도 무리는 아니었다.

마침 나는 점착 분야를 전체적으로 정리하는 일에 부족함을 느끼고 있었다. 그래서 전체적으로 정리할 대상을 점착에서 거미줄로 바꿔 보자는 생각이 들었다.

원래 거미줄에 관심이 없었던 내게 이것은 커다란 결심이었다. 거미에 관한 문헌을 많이 조사하고 읽어 보는 것만으로는 이해하기 어려워서, 야외로 나가 직접 거미를 관찰하고 그 생태를 파악하려 노력했다. 동시에 제일 중요한 부분인 거미에게서 실을 뽑아내는 방법을 고민하는 날이 이어졌다. 실험용으로 사용할 실을 얻은 후에야 그것의 물리학적인 성질을 조사할 수 있기 때문이었다.

처음 접하는 것투성이라는 데 충격을 받으면서도 나는 서서히 거미의 세계에 빠져들기 시작했다. 그러다 보니 점차 전 세계의 최신 거미줄 연구를 이해할 수 있게 되었고, 3년째에 접어들면서부터는 거미줄을 전체적으로 정리하는 글을 쓸 수 있었다. 나는 이를 계기로 거미줄 연구를 평생 취미로 삼기로 결정했다.

참고로 요즘 나의 '본업'은 마이크로파라는 전자파를 사용한 분자 및 섬유의 배향성(背向性, 특정한 방향으로 늘어서는 성질 - 옮긴이) 연구이다. 필름 배향성 연구로 시작해 지금은 혈관, 뼈, 폐, 피부에서의 콜라겐 섬유 배향성 연구와 더 나아가 이것을 응용한 피부이식법을 실용화하는 연구를 하고 있다. 하지만 동시에 나는 어느새 거미줄의 포로가 되어 버렸다.

거미집의 다양한 모습

여름방학 숙제로 곤충채집을 한다는 이야기는 종종 들었는데 거미 채집을 한다는 이야기는 별로 들어 본 적이 없다. 거미는 이렇듯 기피 대상이지만(거미그물과 거미의 눈 때문일 것이다) 일본 국내에만 약 1500종, 전 세계에는 약 4만 종이나 알려져 있다.

일본 거미 중 약 절반이 농발거미*Heteropoda venatoria*처럼 사냥감

을 찾아 돌아다니는 배회성 거미이다. 그리고 남은 절반이 줄을 쳐서 사냥감을 잡는 조망성 거미이다. 내가 지금까지 성질을 조사해 온 거미줄의 주인은 조망성 거미이다.그림 1

거미집의 형태나 배치는 거미 종류에 따라 다양하다. 원형 그

| 그림 1 | 이 책에 등장하는 주요 거미들. (a) 무당거미*Nephila clavata*가 사냥감을 기다리고 있다. (b) 그늘왕거미*Yaginumia sia*가 거미집을 교체하고 있다. (c) 호랑거미*Argiope amoena*가 거미집을 만들고 있다. (d) 필리페스무당거미*Nephila pilipes*가 매미를 잡고 있다.

물이 있는가 하면 삼각형 그물도 있다. 수직이나 수평에 가까운 거미집도 있다. 하지만 가을에 종종 보이는 노란색과 검은색 바둑무늬를 띤 무당거미나 이와 비슷한 필리페스무당거미의 집을 잘 관찰해 보면 거미집이 지면과 완벽한 수직은 아니며, 조금 기울어진 것을 알 수 있다.그림 2 아래로 기울어져 있어야 이제 곧 이야기할 생명줄(견인실)을 사용해 다른 장소로 날아서 이동하기 쉽고, 위기에 맞닥트렸을 때 바로 도망치기도 쉽기 때문이다.

| 그림 2 | 수직으로 기울어 있는 무당거미(a)와 필리페스무당거미(b)의 거미집 아랫부분

거미가 사냥감을 잡는 시간대나 거미집을 다시 만드는 빈도도 거미 종류에 따라 다르다. 예를 들면, 무당거미는 밤중에 몇 시간에 걸쳐 꾸준히 집의 절반을 새로 만들어 교체하고 낮에 사냥감을 포획한다. 그리고 다음 날 밤에는 다시 나머지 절반을 새로 만든다. 한편 그늘왕거미그림 1-b는 낮에는 거미집 근처에 숨어 있다가 저녁에 거미집으로 돌아와서 너덜너덜해진 거미집을 모아 입에 넣고 매일 새로운 집을 만든다. 그 거미집에서 밤새 사냥감을 포획하고 아침이 되면 거미집은 그대로 둔 채 다시 숨어 버린다.

가지각색, 거미가 만드는 일곱 가지 실

산길을 걷다가 거미집이 얼굴에 엉겨 붙었던 경험이 있는 사람이라면 거미집이 모두 점착성이라고 생각할 것이다. 그러나 점착성 거미줄은 나선실뿐이다. 전형적인 원형 그물 거미집을 만드는 거미는 보통 일곱 종류의 샘에서 다른 실을 뿜어내고, 각각을 용도에 따라 능숙하게 구분해서 사용한다.그림 3

방사실은 거미집의 골격이 되며 점착성을 가진 나선실은 사냥감의 움직임을 막는다. 테두리실은 거미집의 틀이 되며 거미집을 나무 등에 고정하는 것은 지지실이다. 위기가 발생해 도망칠 때는 견인실을 사용하며 그 끝을 물체에 고정하기 위해 부착반을 사용한다. 거미집을 구성하는 것은 아니지만 사냥감을 잡

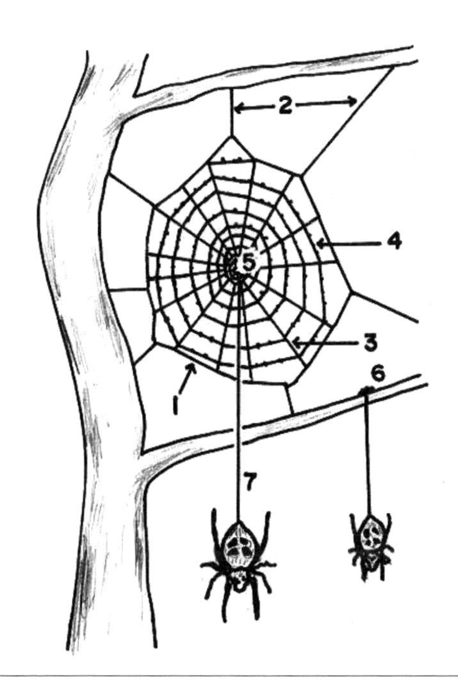

| 그림 3 | 대표적인 원형 그물 거미집
(1) 테두리실 (2) 지지실 (3) 방사실 (4) 나선실 (5) 바퀴통 (6) 부착반 (7) 견인실

기 위한 포획대와 알을 보호하는 알주머니라는 것도 있으며 각각 다른 실로 만들어진다.

거미가 생활하는 거미집 중심부에는 점착성이 없다. 부착반은 생명줄인 견인실에 매달릴 때 필요하며 거미가 실에 매달려도 끊어지지 않을 만한 접착 강도를 유지한다. 만약 접착 강도가 약해서 끊어져 버리면 아무리 거미라고 해도 저세상으로 가게 될 것이다.

전자현미경으로 살펴보면 거미줄마다 모양이 다름을 알 수 있다. 예를 들면 방사실은 가는 섬유 네 개로 구성되어 있다. 한편 나선실은 섬유 두 개로 되어 있으며 여기에 점착구가 거의 같은 간격으로 붙어 있다.그림 4 이 점착구는 거미집을 만들 때 섬유 두 개의 표면에 얇게 코팅된 점착제가 서서히 구 모양으로 모여든 것이다.

거미집에 날아든 사냥감은 점착성 나선실에 붙으면 벗어나려 발버둥을 친다.그림 5 그러면 나선실이 늘어나지만 그렇게 쉽게 끊어지지 않으며 사냥감은 움직임이 점차 둔해진다. 나선실 일부가 끊어지더라도 역학적으로 더욱 강한 방사실이 남아 있다. 이런 이유로 사냥감이 거세게 발버둥을 쳐도 거미집 전체는 무너지지 않는다.

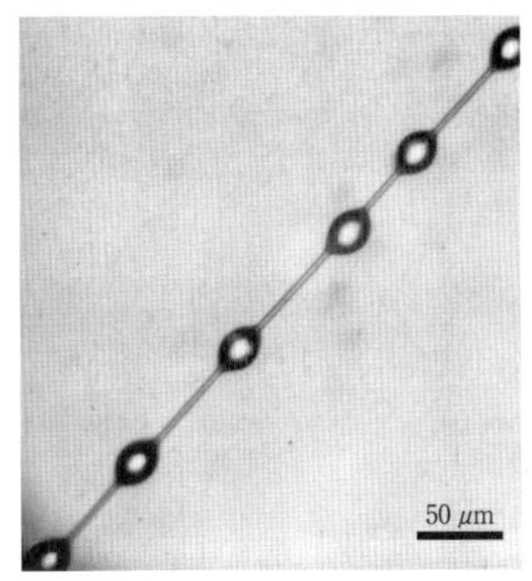

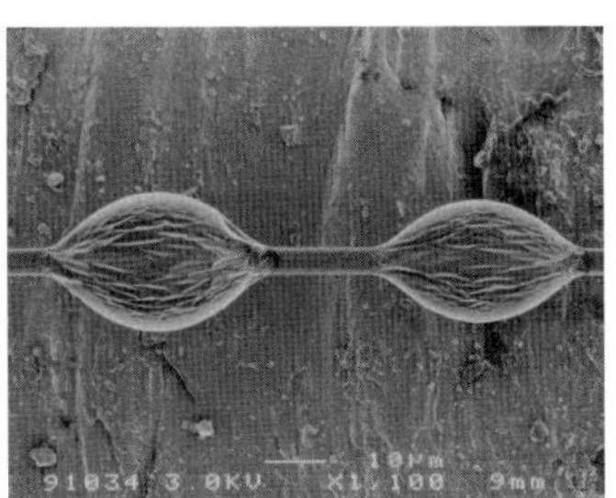

| **그림 4** | 나선실의 점착구(왼쪽)와 전자현미경 사진(오른쪽)

| **그림 5** | 박쥐를 잡은 필리페스무당거미

거미집에 사냥감이 걸리면 거미는 바로 그곳에 다가가 가느다란 실들로 이뤄진 포획대로 재빠르게 사냥감을 감는다. 포획대의 수축력으로 인해 사냥감은 조여지고 움직일 수 없게 된다. 거미는 이렇게 다양한 실들을 능숙하게 구분해서 사용하는데, 오랫동안 거미와 어울리면서 매우 보기 드문 모습을 목격한 적이 있다. '원숭이도 나무에서 떨어질 때가 있다'라는 말처럼 거미가 실수를 저지른 사건이었다.

어느 날 오키나와에서 온 필리페스무당거미가 대학교 안뜰에 거미집을 만들었다. 밥을 먹은 뒤에 옆을 지나가면서 슬쩍 거미집을 보았는데 조금 위화감이 느껴졌다. 다가가서 살펴보니 방사실에 점착구가 붙어 있었다. 내가 지금까지 관찰했던 많은 거미집에서 보지 못한 유일한 예외 사례였기 때문에 '설마?' 하며 슬쩍 기쁜 마음까지 들었다. 근처를 지나가던 거미에 관심이 없어 보이는 분자생물학 선생을 억지로 불러 이 이상한 현상을 함께 확인했다. 어쩌면 오키나와에서 이곳까지 온 긴 여행 때문에 필리페스무당거미의 분비 기능이 미쳐 버렸던 것인지도 모른다.

거미의 생명줄

거미가 만드는 실 일곱 종류 중에서 내가 특히 관심을 기울인 건 견인실이었다.

내가 거미줄 연구를 하고 있다는 걸 알면, 많은 사람이 "거미집으로 거미줄을 모으는 건가요?"라고 질문한다. 하지만 거미집을 이루는 실은 종류가 여럿이기 때문에 '거미줄'을 연구 대상으로 삼는다면 그중 어떤 실을 연구할 것인지 거미줄 종류를 특정해야 한다. 내가 선택한 것은 견인실이었다. 막대에 올라탄 거미를 스스로 내려오게 만들면 견인실만을 얻을 수 있다.

앞서 말했듯이 거미는 복부에 있는 샘에서 분비된 견인실의 끝을 물체에 부착반으로 고정한 뒤에 실을 뿜으면서 이동한다. 위험한 상황에 부딪히면 이 견인실에 매달려 도망치기도 한다.

거미가 거미집의 중앙에 있을 때에는 언제나 견인실 끝을 바퀴통에 붙여 사냥감이 걸려들기를 기다린다. 사냥감이 거미줄에 걸리면 견인실을 뿜어 한 번에 그곳으로 이동한다. 몸속 주머니에 축적된 액상 단백질이 샘을 통해 체외로 배출될 때 물에 녹지 않는 고체로 변해 강한 견인실이 된다. 실을 뿜어 이동하다가 멈

| 그림 6 | 견인실(생명줄)에 매달린 무당거미

추고 싶으면 허리로 브레이크를 걸 수도 있다.

거미집에 있는 거미를 놀라게 하면 거미는 급하게 바닥으로 내려와 사라진다. 이를 보고 '혹시 거미가 떨어져 죽은 걸까?'라고 생각할 수 있지만, 잠시 기다리면 거미가 거미집으로 돌아온다. 급하게 내려올 때에도 견인실을 뿜어내며, 원래의 장소로 돌아올 때에도 이 견인실을 따라 돌아온다.그림 6 그러나 거미가 견인실에 매달린 상태에서 실이 끊어져 버리면 거미가 떨어져 죽을 수도 있다. 견인실은 거미에게 생명줄과 같다.

가는 곳마다 거미 채집

거미줄을 연구하려면 먼저 거미를 채집해야 한다. 거미는 작아서 발견하기 어렵지만 거미집이 있는 곳에는 분명 거미가 있다.

처음으로 거미를 찾기 시작한 것은 12월이었다. 당시에는 거미집을 언제나 쉽게 찾을 수 있을 거라고 생각했다. 하지만 보이지 않았다. 그때 이미 나이를 먹어 시력이 좋지 않았던 나는, 시력 때문에 거미줄을 찾지 못하는 거라고 생각했다. 하지만 그게 아니었다. 거미의 생태를 충분히 이해하지 못했던 것이다. 그때 내가 찾던 무당거미는 가을에 훌륭한 집을 만들고, 늦가을에는 알을 낳고 죽는 생활주기를 가진 종이다. 그걸 모르고 무모하게 12월에 거미를 찾아 나섰던 것이다.

무당거미의 생활주기를 알게 된 뒤에는 여름부터 가을에 걸쳐 거미집을 찾아 돌아다녔다. 그러다 보니 집 근처 가로수 길에서도 가끔 무당거미 집을 찾을 수 있었다. 거미집이 좀 더 많은 곳을 찾아 차를 끌고 교외로 나가기도 했다. 내가 천천히 차를 모는 동안, 조수석에 있는 아내가 길가에 거미집이 있는지를 확인해 주었다. 하지만 거미를 전혀 볼 수 없는 장소도 많았다. 이

렇게 거미를 찾아 돌아다니면서 어떤 곳에 거미집이 있는지 겨우 알게 되었다.

거미는 깊은 산속이나 폐가에 서식한다는 이미지가 강하다. 그러나 실제로 꼭 그렇지만은 않았다. 거미는 물가에서 쉽게 발견되었다. 또 외양간이나 돼지우리 등에서도 볼 수 있었다. 어쨌든 곤충이 잘 날아드는 곳이라는 게 공통점이었다. 즉, 거미는 먹이가 되는 곤충의 서식지에서 많이 찾아볼 수 있다. 곤충이 많이 날아드는 곳에 집을 만드는 거미는 영양이 충분하므로 성장도 빠르다.

당연히 모든 거미 종이 일본 어디에나 살고 있는 건 아니다. 내가 주로 거미줄을 채집한 무당거미그림 1-a와 그늘왕거미그림 1-b는 일본 각지에서 볼 수 있다. 그 외 호랑거미그림 1-c는 와카야마와 고치, 가고시마 등 따뜻한 지역에 많이 서식하며 필리페스무당거미그림 1-d는 오키나와 지역에서 쉽게 찾아볼 수 있다.

근처에 없는 거미를 찾아 먼 곳까지 채집을 나가기도 했다. 먼 곳에서 거미를 채집해 돌아올 때에는 거미가 약해지지 않게 살피고, 서로 잡아먹지 않도록 신경 써야 한다. 처음에는 이런 점들을 모르고 많은 거미를 한꺼번에 망사 주머니에 넣은 채 기뻐하며 돌아왔는데, 하룻밤 사이에 서로를 잡아먹어 대부분 죽어 버린 일도 있었다. 또 차 트렁크 속에서 거미가 고열로 죽어 버리기도 했다. 물론 거미에게서 거미줄을 채집하려면 거미가 건강한 상태여야 한다.

거미와의 커뮤니케이션

채집한 거미를 무사히 데리고 와서 드디어 거미줄을 뽑기로 했다. 그런데 이게 꽤 성가신 일이었다. 거미는 애완동물처럼 훈련시킬 수 없기 때문이다. 많은 거미줄을 모으는 것만이 목적이라면 거미에게서 강제로 거미줄을 뽑아내도 상관없다. 그러나 거미줄의 역학적 성질을 조사해 보고 싶다면 가늘고 섬세한 거미줄에 불필요한 힘이 더해지지 않도록 신중히 실을 뽑아내는 것이 중요하다.

거미의 배에서 실을 뽑아내려고 하면그림 7 거미는 바로 거부반응을 보이며 거미줄을 끊어 버린다. 거미줄을 채집하는 사람이 원하는대로 움직여 주지 않는 것이다. 모처럼 거미줄을 뽑아냈다고 기뻐하는 것도 잠시, 우리가 뽑아내려는 거미줄이 아닌 다른 종류의 거미줄에 농락당하기도 한다. 거미가 사람의 약점을

이용하는 것이다. 그러므로 거미가 기분 좋게 거미줄을 뽑아낼 수 있는 환경을 조성해야 한다. 중요한 것은 거미와의 커뮤니케이션이다. 이 포인트를 파악하는 데 약 5년이란 세월이 걸렸다.

거미와 커뮤니케이션을 한다고 하면 많은 사람이 고개를 갸우뚱할 것이다. 그러나 거미는 거미줄을 채집하는 사람의 정신상태와 동작에 민감하게 반응한다.

예를 들어 난폭한 사람은 실을 뽑아내는 작업도 난폭하게 할 것이다. 거미의 무게는 인간의 10만분의 1 정도에 불과하므로 사람에게는 미약한 힘일지라도 거미에게는 큰 충격으로 느껴진다. 그 결과, 거미는 자기방어를 위해 견인실이 아닌 포획대 같은 거미줄을 뿜어낸다. 또한 인간이 큰 소리를 낼 때도 거미는 깜짝 놀라 견인실을 뿜어내지 않는다. 우리에겐 소리가 만든 공기진동에 불과하지만 거미에게는 충분히 큰 진동인 것이다.

한편 거미의 입장에 서서 거미를 다정하게 대하면 거미는 사람을 적이라고 생각하지 않고 안심하여 실을 뿜어낸다. 그러나 너무 다정하게 대하면 거미는 자유롭게 실을 뿜어낸 뒤에 오히려 도망치고 만다. 오랜 경험을 통해 나는 거미가 '너무 다정하게 대하면 우습게 여기고, 너무 엄격하게 대하면 토라져서 말을 안 듣는다'는 것을 알게 되었다.

| 그림 7 | 호랑거미 배에서 거미줄을 뽑아내고 있다.

그늘왕거미에게서 실을 얻을 때에는 특히 더 그렇다. 다발로 만들어 사용할 실은 그림 7과 같은 틀에 감아 채집하는데, 실을 감고 있으면 거미가 실을 계속 길게 뽑아내며 내려오기 시작한다. 틀에 실을 감기에 딱 좋은 속도라고 생각하면 더욱 빠르게 땅으로 내려와 바로 실을 끊고 도망쳐 버린다.

땅으로 내려왔을 때 다리를 배 쪽으로 둥글려 죽은 척하는 경우도 있다. 다시 들어 올려 거미줄을 뽑아내려고 해도, 몸을 굳힌 채로 계속 죽은 척을 한다. 그러면 나도 그만 그 거미가 죽었다고 생각하고는 거미줄 채집을 포기하고 만다. 거미는 그 틈에 내 손에서 벗어나서 재빠르게 도망쳐 버린다. 방심할 수가 없다.

거미가 속임수를 쓴다는 걸 알고 나서는 딱딱해진 거미를 어떻게든 쓰다듬어 협조를 구하려고 했으나 잘되지 않았다. 한 번 도망쳐 본 거미를 회유하기는 매우 어렵다. 도망에 재미를 붙인 거미를 상대하자면 시간이 오래 걸리기 때문에 그 후로 나와 궁합이 좋은 거미에게서 거미줄을 뽑기로 했다. 새로운 거미를 상대할 때에는 미리 기분 좋게 실을 뽑아내도록 노력했다. 심통을 부려 도망치는 것을 방지하기 위해 주의를 기울인 것이다.

읽을거리

담배 연기로 거미가 날뛰다

어느 날 고치현에 있는 시만토강 유역에서 호랑거미를 채집하고 오사카로 돌아오는 길이었다. 거미와 입체적으로 배치한 나뭇가지를 함께 넣은 망사 주머니를 들고 기차를 탔다.

고치현의 나카무라역에서 특급 열차를 탄 뒤, 망사 주머니는 창문 옆 손잡이에 매달아 두었다. 나뭇가지는 망사 주머니 속에서 거미들끼리 싸우는 걸 막는 역할을 한다. 그때까지만 해도 거미들에게는 아무런 문제가 없었다.

오카야마역에 도착해서는 바로 신칸센으로 갈아탔다. 여름방학이어서 신칸센 플랫폼에는 승객이 넘쳐났다. 오카야마에서 출발해 한 시간 정도면 오사카에 도착하므로 긴 여행도 조금만 견디면 끝나는구나 싶었다. 느긋한 마음으로 호랑거미가 든 망사 주머니를 창가 손잡이에 걸고 오사카에 도착할 때까지 한숨 자려고 했다.

그렇게 신칸센이 출발하고 몇 분이 지나서 거미의 상태를 확인하기 위해 망사 주머니를 살펴보았다.

그랬더니 출발할 때에는 얌전했던 호랑거미가 갑자기 날뛰기 시작했다. 오랫동안 거미와 교류해 왔지만 이렇게까지 날뛰는 모습은 본 적이 없었다. 갑작스러운 일이라 도대체 어떻게 된 일인지 파악할 수가 없었다. 나뭇가지를 넣어 두었으니 거미들끼리 싸울 리도 없었다. 걱정이 되었다.

망사 주머니를 가까이에서 계속 살펴보았더니 거미들이 망사 주머니를 끈으로 묶은 매듭 부분의 작은 구멍에 모여들고 있었다. 아무래도 앞다투어 출구를 찾고 있는 것 같았다.

신칸센을 타고 좌석을 찾아 앉았을 때에는 금연석이라고 생각했다. 실제로 처음 탔을 때는 담배 연기가 나지 않았기 때문에 안심하고 있었다. 그러나 오카야마에서 출발한 지 얼마 지나지 않아 서너 줄 앞에 앉은 두 사람이 담배를 피우고 있다는 걸 깨달았다. 평소에는 금연석에만 타는 내가 흡연석에 타고 만 것이다. 그러나 녹초가 되어 있던 나는 좌석 종류에는 개의치 않고 조금이라도 잠을 자려고 했다.

하지만 호랑거미의 혼란을 보고서는 그대로 잠을 잘 수가 없었다. 혼란의 원인이 담배 연기일지도 모른다는 생각이 든 것이다. 거미는 나의 보물이었기에 이 현상을 알아채자마자 금연석으로 옮겼다. 그날 신칸센이 혼잡해서 금연석을 찾는 데 고생했지만, 다행히 좌석을 확보할 수 있었다. 그곳에 앉았더니 호랑거미는 소동을 그치고 다시 얌전해졌다. 거미가 날뛴 원인은 역시 담배 연기였다. 흡연석 담배 연기 속에서 거미들이 고통스러웠던 것이다.

이 사건은 공장지대나 통행량이 많은 고속도로 주변같이 매연과 자동차 배기가스가 많은 곳에서는 거미가 서식하기 어렵다는 것을 단적으로 알려 주었다. 거미는 환경 상태의 척도라고 할 수 있다. 최근 거미 개체 수가 적어진 것은 농약이나 공장 매연, 자동차 배기가스 등이 생존을 위협하고 있기 때문인지도 모른다.

제 2 장

거미가 만드는 마법의 실

채집부터 운반, 그리고 거미의 비위 맞추기까지, 이렇게 큰 수고를 하며 얻어 낸 거미줄은 다양하고 놀라운 성질을 보여 주었다. 이 장에서는 거미줄의 성질을 소개하겠다.

부드럽고 강하다

제일 하고 싶은 이야기는 거미줄, 특히 방사실과 견인실은 '부드럽고 강하다'는 것이다. 이 세상에 부드러운 물질은 많고 강한 물질 역시 많지만, 언뜻 보기에 상반된 부드러우면서 강한 성질을 애초부터 갖춘 물질은 드물다.

가을밤 길을 걷다가 종종 긴 거미줄이 피부에 달라붙는 경험을 해 보았다면 그것이 얼마나 부드러운지 알고 있을 것이다. 거

미집 중앙부에 있는 호랑거미를 놀라게 하면 거미가 거미집을 그네처럼 흔들어 위협한다. 거미가 스스로 발생시키는 진동으로 거미줄이 늘어나고 줄어들 정도로 거미줄은 부드럽다. 또한 깡충거미과Salticidae 거미는 실을 뿜어내면서 뛰어오르는데, 이때 거미줄이 만드는 궤도가 포물선을 그린다. 이 역시 거미줄이 부드럽다는 증거이다.

이처럼 거미줄의 첫 번째 특징은 매우 부드럽고 잘 구부러진다는 점이다. 잘 구부러지지 않는 소재라면 엉겨 붙을 수도 없고, 포물선 역시 그릴 수 없다. 거미의 견인실을 많이 모은 후 그 다발을 만져 보면, 아기 피부처럼 부드럽고 기분 좋은 감촉을 금방 느낄 수 있다.

반면에 거미줄의 '강함'을 실감하고 이해하기는 어렵다. 그래도 거미의 이동 수단이자 생명줄인 견인실에 강도가 필요하다는 건 예상하기 어렵지 않다. 언제 끊어질지 알 수 없는 생명줄은 거미가 신뢰하지 않을 테니 말이다. 견인실은 공중에서 움직이는 거미를 충분히 지탱할 정도의 강도를 가져야 한다.

물론 이 '강도'를 실제로 측정해 볼 수도 있다. 예를 들어 견인실을 당겨서 끊어졌을 때 단면적당 힘의 강도, 즉 파단강도를 측정해 보면 나일론의 몇 배나 된다. 또한 물체를 조금 늘리거나 압

축할 때 잘 변형되지 않음을 나타내는 지표를 '탄성률'이라고 한다. 비유하자면 의사의 촉진은 우리 몸속 장기의 탄성률을 확인하는 것과 같다. 일반적인 합성섬유는 탄성률이 기껏해야 몇 기가파스칼(GPa. 예를 들면 나일론은 4GPa)이지만 거미 견인실은 탄성률이 13기가파스칼로 합성섬유 탄성률을 훨씬 웃돈다.

거미줄의 신기한 구조

'부드럽고 강한' 거미의 견인실은 어떤 구조로 되어 있을까?

거미의 견인실은 글리신이 풍부하고 부드러운 비결정영역(분자가 가지런하지 않고 흩어져 있는 부분)과, 알라닌이 풍부하며 얇은 베타병풍구조(폴리펩타이드 사슬 여러 개가 나열하고 그 사이에 수소결합이 생성되어 생기는 평면구조)로 된 단단한 결정영역으로 이루어져 있다(글리신도 알라닌도 모두 아미노산의 일종이다).

결정영역과 비결정영역이 혼재하는 상태는 거미줄뿐만 아니라 합성고분자에서도 종종 발견된다. 하지만 결정영역과 비결정영역이 서로 한 줄로 늘어선 합성고분자의 경우, 비결정영역이 전체 탄성률에 더 큰 영향을 미친다. 일반적으로 결정영역의 탄

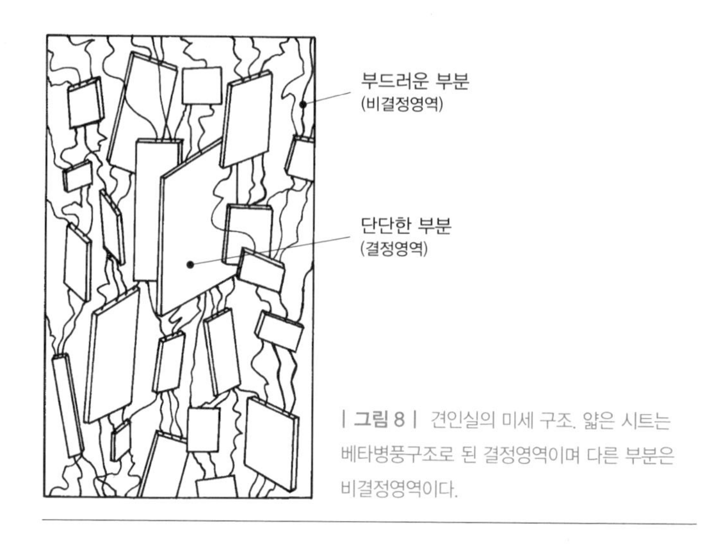

| 그림 8 | 견인실의 미세 구조. 얇은 시트는 베타병풍구조로 된 결정영역이며 다른 부분은 비결정영역이다.

성률은 100기가파스칼 정도이며 비결정영역의 탄성률은 2기가파스칼 정도이다. 그러므로 합성고분자의 전체 탄성률은 비결정영역의 영향으로 몇 기가파스칼 정도인 경우가 많다.

한편 거미의 견인실은 비결정영역 속에 결정영역이 섬처럼 떠 있다.그림 8 결정영역의 베타병풍구조뿐만 아니라, 결정영역을 연결하는 단백질의 가교구조도 높은 탄성률에 영향을 미친다.

결정영역과 비결정영역이 혼재하는 합성섬유 등은 전체 탄성률이 매우 낮아 가해지는 힘이 적어도 쉽게 늘리거나 수축시킬 수 있다. 그러나 개별 결정영역에 두께가 있어서 전체적으로는 구부러트리기 어렵다. 한편 거미줄은 탄성률이 높다(즉, 가해지는 힘이 약할 경우, 늘리거나 수축시키기 어렵다). 그렇지만 결정영역이 매우 얇은 시트 상태이기 때문에 전체적으로 구부러트리기는 쉽다.

이러한 거미줄의 독특한 성질이 어떤 구조 때문인지는 아직 명확히 밝혀지지 않았다. 거미줄의 특징을 구조적으로 해명하려는 것이 최근 연구 동향이다. 최근에는 DNA 염기배열도 바로 알 수 있어서 연구실 안에서 거미줄의 아미노산 배열을 추정할 수 있다. 그래서 지금 많은 연구자가 거미줄을 공업 생산하기 위해 염기배열로 거미줄 구조를 추정하고자 눈을 번뜩이고 있다.

거미가 가르쳐 주는 안전 대책

거미가 매달린 견인실의 힘에는 더 큰 비밀이 있다. 쉽게 끊어지지 않도록 '안전장치'가 설치되어 있는 것이다.

아직 이런 비밀을 알지 못했을 때는 가느다란 견인실에 거미가 매달려도 끊어지지 않는 것을 신기하게 생각해 섬유 강도를 측정하는 일반적인 방법으로 강도 측정을 시도해 보았다. 견인

실에 어느 정도나 힘을 가해야 끊어지는지(파단강도)를 측정해 본 것이다.

처음에 나는 채집한 시기와 종류가 같은 거미에게서 수집한 거미줄은 똑같은 힘이 가해지면 끊어질 것(같은 파단강도가 나타날 것)이라고 생각했다. 하지만 꽤 제각각인 데이터가 나왔다. 혹시 거미의 무게와 거미줄 강도 사이에 관계가 있는 걸까? 이런 생각에 거미의 체중에 따른 견인실의 파단강도를 측정했더니 놀랍게도 무거운 거미의 견인실일수록 파단강도가 크다는 결과를 얻었다. 하지만 데이터는 여전히 제각각이었다.

파단강도를 측정할 때, 샘플마다 균열 발생점과 그 전파 방법에 커다란 차이가 있었기 때문에 데이터에 재현성이 없었던 것이다. 그러나 정상적인 스프링처럼 가해진 힘과 늘어남이 비례하는 선형영역에서는 데이터 재현성이 높을 것이다. 여기서 나는 파단강도가 아닌 '탄성한계강도'에 주목했다.

물체에 서서히 큰 힘을 가하면 힘에 비례하여 물체가 변형되는데, 한계점까지는 가해지는 힘을 없애면 변형이 원래대로 돌아온다. 그러나 한계점을 지나면 힘과 변형이 비례관계가 아니게 되며, 가해진 힘을 없애도 원래대로 돌아오지 못한다. 완전히 늘어나 버린 스프링처럼. 이 한계점이 탄성한계점이며 탄성한계점에서 물체에 가해지는 힘의 강도가 탄성한계강도이다. 체중이 다른 거미의 견인실로 측정한 탄성한계강도를 각 거미의 체중에 적용해 보았더니, 거미의 체중에 비례하여 한계강도가 커졌다. 그리고 비례 그래프의 기울기는 대략 2라는 간단한 수치가 나왔다.

즉, 견인실의 탄성한계강도는 언제나 체중의 약 두 배인 것이다. 어째서 두 배인 걸까? 견인실의 구조를 전자현미경으로 조사해 보기로 했다. 그 결과, 견인실은 원기둥 모양인 가느다란 필라멘트 두 개로 이루어져 있다는 것을 알게 되었다.그림 9 거미가 매달려 있을 때, 인간의 눈에는 견인실이 한 개짜리 거미줄로 보이지만 실제로 그 거미줄은 두 개의 가는 섬유(필라멘트)였던 것이다.

이 결과는 중요한 내용을 알려 준다. 만약 두 개로 된 필라멘트 중 한 개가 끊어지면 남은 필라멘트 한 개로 거미를 지탱할 수 있다는 의미다. 즉, 필라멘트 한 개는 평상시에는 '예비분'이자 '여유분'이고, 이 여유분이 위기 상황에 효과를 발휘한다.

거미의 견인실은 안전성 관점에서 보면 매우 효율적인 생명줄이다. 필라멘트 한 개로 된 거미줄은 에너지를 큰 폭으로 절약할 수 있지만 위기에 대응하지 못하며, 필라멘트 세 개는 에너지

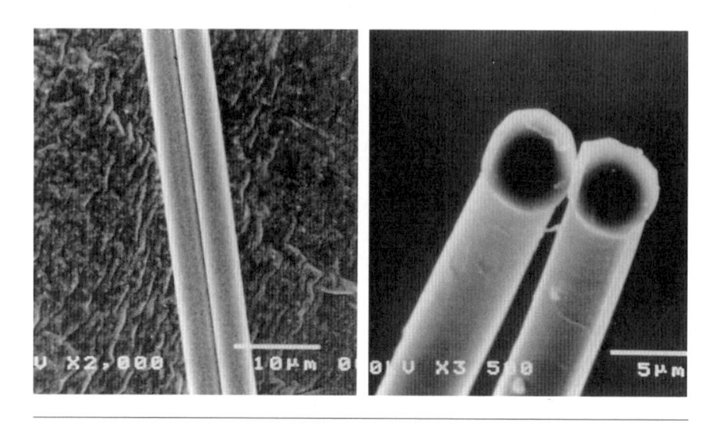

| 그림 9 | 무당거미의 견인실. 두 개의 섬유(필라멘트)가 평행으로 나열(왼쪽)되어 있으며, 섬유의 단면은 원형(오른쪽)이다.

낭비이다. 필라멘트 두 개로 이뤄진 거미줄은 여유분이 있는 매우 효율적인 설계 구조로서 거미의 날렵한 활동을 보장해 준다.

나는 이 법칙을 '2의 안전 법칙'이라고 부른다. 2의 안전 법칙은 엘리베이터, 다리, 비행기, 주택, 터널 등 구조물이나 밧줄 같은 공업용 소재의 안전에도, 기업과 가정의 위기관리 상황에도 중요한 실마리를 준다.

결혼식이나 졸업식처럼 기념하고 싶은 이벤트에서 기념사진을 찍을 때, 디지털카메라를 사용해도 최소 두 번을 찍고 카메라 두 대로 사진을 찍기까지 한다. 기업에서는 위험을 피하고자 최고 책임자들이 각각 다른 비행기를 타고 출장을 간다. 프로야구 팀이 원정을 갈 때에도 두 개 그룹으로 나뉘어 다른 경로로 이동한다.

방범을 위해 설치하는 집 현관문 잠금장치도 두 개이다. 화재 등 비상사태에 대비해 집에는 출입구를 두 곳에 설치하는 게 좋다. 의료사고를 피하기 위해서는 최소 두 명이 처치를 확인해야 한다. 잠깐만 생각해 보아도 이렇듯 '2의 안전 법칙'은 우리 주변에서 아주 쉽게 볼 수 있다.

고온을 견뎌라

거미줄은 얼마나 높은 온도까지 견딜 수 있을까? 이전에는 아무도 측정한 사람이 없었을 테니 짐작이 가지 않을 것이다. 그래서 견인실이 어느 정도나 고온을 견딜 수 있을지 시험해 보기 위해 섭씨 600도까지 온도를 높여 상태를 지켜보았다.

그 결과, 거미의 견인실은 섭씨 250도를 넘어서면서부터 분해되기 시작하며 섭씨 300도에서는 중량이 20퍼센트 정도 줄어들고, 섭씨 350도 정도에서는 색이 변하며 섭씨 600도에서는

완전히 분해된다는 것을 알게 되었다.

다시 말해 적어도 섭씨 250도까지는 거미줄이 안전한 상태를 유지했다.그림 10 참고로 폴리에틸렌은 녹는점이 약 섭씨 120도이다(거미줄에는 합성고분자 같은 녹는점이 존재하지 않는다. 합성고분자는 두꺼운 결정 속에 많은 결정격자를 포함하고 있으며, 이를 통해 열을 흡수하고 분해한다. 하지만 거미줄의 결정 부분의 베타병풍구조는 매우 얇아 열을 흡수할 수 있는 여지가 거의 없다).

거미 견인실의 이러한 열 특성은 거미 종류나 암수에 따라서 차이는 있지만 대체로 비슷하다.

이 정도의 고온을 견디는 것이 생태적으로 의미가 있을까? 이것은 어려운 질문이다. 다만 거미가 거미집을 만들 때는 거미줄

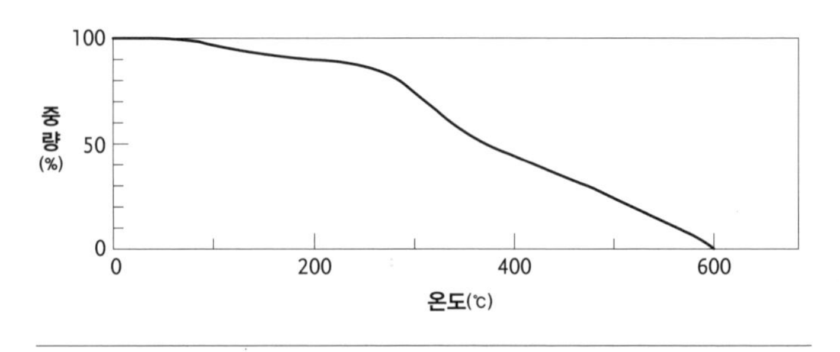

| 그림 10 | 암컷 무당거미의 견인실을 가열했을 때의 중량 변화. 견인실의 중량은 약 섭씨 250도부터 감소한다.

끝을 어딘가에 고정해야 하는데, 바위에 고정하는 경우도 있다. 직사광선이 닿으면 바위는 표면온도가 섭씨 150도 정도까지 오를 수 있다. 뜨거운 태양 빛에 거미집이 녹는다면 거미는 생명까지 위협받을 수 있다. 거미줄이 내열성을 가진 이유는 이러한 사정 때문일지도 모른다.

자외선으로 강해진다

명주실은 자외선을 받으면 누렇게 변한다. 그러므로 자외선이 강한 여름에 명주옷을 입고 외출하는 건 바람직한 일이 아니다. 그렇다면 마찬가지로 단백질로 이루어진 거미줄도 자외선에 노출되면 성질이 변할까? 나선실은 그렇다 치고, 방사실이 자외선으로 인해 약해지면 거미집이 쉽게 무너져서 걸려드는 사냥감을 잡지 못하는 게 아닐까? 거미에게는 사활이 걸린 문제인 만큼 걱정이 된다.

그러나 거미는 내 걱정 따윈 아랑곳하지 않고 살아간다! 거미 나름대로 '자외선에 관해 특별한 연구라도 하고 있는 건가?' 하는 생각이 들 만큼 매우 신기했다. 1995년에 이것을 조사해 볼

기회가 찾아왔다. 이해에 나는 시마네대학에 교수로 부임했는데, 이전에 있던 니시코리 요시노리 명예교수가 남겨 둔 자외선 조사 장치와 역학 측정 장치를 사용할 수 있었다. 이 장치들로 자외선을 비추었을 때 무당거미 견인실의 강도가 어떻게 변하는지 조사해 보기로 했다. 견인실은 거미집의 골격을 구성하는 방사실과 비슷한 성질을 나타냈다.

우리는 자외선이라는 한 단어로 말하지만 자외선은 미세한 파장 차이에 따라 몇 가지로 분류할 수 있다. 먼저 UVA는 파장이 긴 자외선인데, 지구 표면에 도달하는 자외선 대부분이 여기에 해당한다. 한편, 파장이 조금 더 짧은 위험한 자외선인 UVB는 평소에는 지표면에 극히 일부만 도달하지만 오존홀이 생기면 지표면에 많이 도달하게 된다. 그리고 제일 파장이 긴 자외선인 UVC는 지표면에 도달하지 않는다.

우리가 받는 자외선의 대부분을 차지하는 UVA를 인공적으로 만들어서 거미줄에 비추어 보았다. 그랬더니 비춘 시간이 늘어날수록 견인실의 파단강도가 상승하여 다섯 시간 후에는 최대로 커졌으며 그 이후에 서서히 줄어들었다. 자외선 조사로 파단강도가 상승할 거라고는 전혀 예상하지 못했기에 나는 영문을 알 수 없었다. 측정 오류가 아닐까 하는 생각마저 들었다. 거미가 성

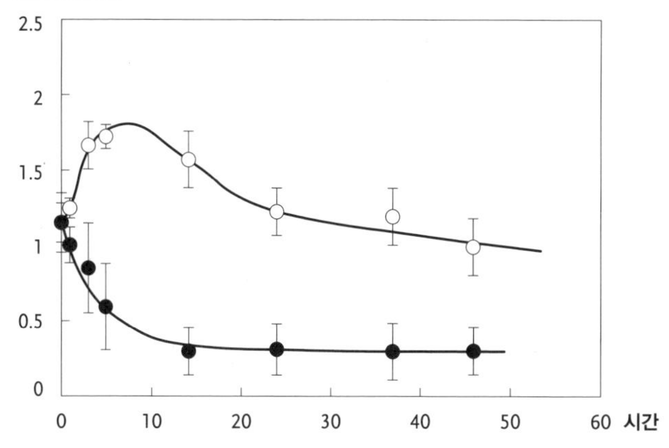

| 그림 11 | 견인실에 자외선(UVA)을 비춘 시간과 파단강도의 관계
○: 주행성인 무당거미, ●: 야행성인 그늘왕거미

체가 되는 이듬해 여름에나 새로운 샘플을 얻을 수 있으므로 일단 포기했으나 설마 하는 마음에 그 후 5년에 걸쳐 측정을 거듭했다. 그랬더니 역시 UVA를 비추면 파단강도가 명백하게 상승한다는 것을 알 수 있었다.그림 11

앞서 말했듯이 무당거미는 매일 밤 절반씩 집을 새로 만든다. 즉, 한 번 만든 부분은 이틀 후에 교체한다. 자외선을 쬐어 무당거미에게서 채취한 거미줄 파단강도 최댓값이 되면 그 후에는 점차 파단강도가 초깃값으로 내려간다. 여기에 걸리는 시간이

마침 거미가 거미줄을 교체하는 주기(2일)와 같다. 자외선을 쬐면 거미줄의 성질이 변한다는 관점에서 보면 주행성인 무당거미가 매우 합리적인 주기에 맞추어 거미줄을 관리하고 있다고 할 수 있다.

한편, 야행성인 그늘왕거미의 견인실을 같은 방법으로 조사해 보았더니 거미줄의 파단강도가 자외선을 비춘 시간에 따라 점차 줄어들었다. 앞서 말했듯이 그늘왕거미는 매일 저녁에 거미집을 교체하며 밤에 사냥감을 포획한다. 그늘왕거미가 활동하는 밤에는 자외선이 없으므로 거미줄에 자외선내성이 필요하지 않은 것이다.

다른 거미도 조사해 보았더니 주행성 거미가 뿜어낸 거미줄은 자외선을 쬐면 단단해지지만 야행성 거미가 뿜어낸 거미줄은 자외선에 약해지기 쉽다는 것을 알게 되었다. 거미는 각자 생활 방식에 따라 낮과 밤에 어울리는 활동으로 환경에 잘 적응하고 있는 것이다.

물을 머금다

이슬에 젖은 채로 햇볕을 받아 빛나는 거미집을 보면 많은 사람이 그 예술적인 아름다움에 넋을 놓고 말 것이다.그림 12 사람들은 비를 맞고도 이 기하학적인 형태가 유지되는 것을 신기하게 생각한다. 우리가 주로 보는 거미줄은 마른 상태이기 때문에 거미줄 자체의 흡습성을 거의 알 수 없는 까닭이다.

실험을 통해 흡습성을 알아보려고 거미줄을 물에 담가 보았더니 길이가 절반으로 줄어들었다.그림 13 하지만 거미집은 이슬이나 비에 젖어도 줄어들지 않는다. 모순된 상황이다. 어째서 이런 걸까?

먼저, 양 끝이 자유로운 무당거미의 거미줄이 수분을 흡수한 전후에 나타내는 X선 회절상(빛이나 X선 같은 파동은 구멍이나 틈을 통과할 때 직진하지 않고 동심원을 그리며 퍼진다. 이 동심원 무늬가 회절상이다. 이것으로 분자들이 섬유와 평행한 방향으로 정돈된 정도, 즉 배향성을 알 수 있다)을 비교하여 결정영역의 배열이 어떻게 변화하는지를 조사해 보았다. 물을 흡수하기 전에는 결정영역이 섬유 길이 방향으로 나열되어 있었으나, 물을 흡수하여 줄어든 거미줄

| 그림 12 | 이슬에 젖은 채 햇볕을 받아 빛나는 무당거미의 집

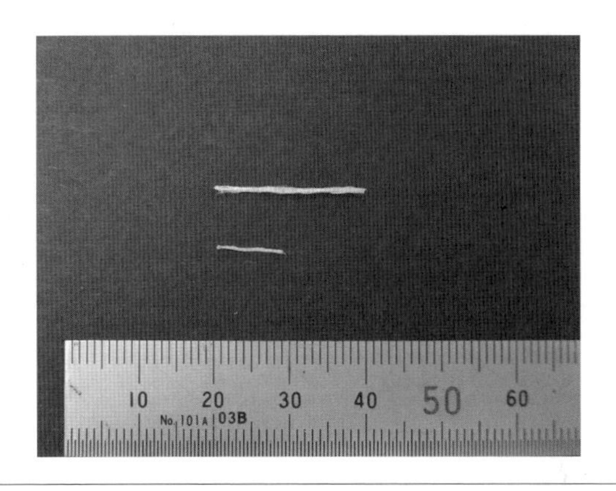

| 그림 13 | 거미줄은 물을 흡수하면 길이가 반으로 줄어든다. 흡수 전(위), 흡수 후(아래)

은 결정영역이 무작위로 나열되어 있었다. 비결정영역의 늘어난 단백질이 물을 흡수하여 수축한 결과, 결정영역도 배열이 바뀐 것 같았다.

그럼 그물망 구조인 거미집처럼 거미줄의 양 끝이 (다른 실 등에) 고정되어 있으면 흡습 전후에 어떠한 변화가 일어날까? 거미집의 그물망 상태를 재현하기 위해 약간의 힘으로 거미줄의 양 끝을 고정한 상태에서 수분을 흡수시킨 뒤, X선 회절상을 촬영했다. 그랬더니 수분 흡수 전과 거의 변화가 없다는 결과가 나왔다. 즉, 수분을 흡수해도 결정영역 배열은 바뀌지 않았다. 아무

래도 거미집에서는 거미줄 양 끝이 고정되어 있다는 것이 핵심인 듯하다.

이어서 물을 흡수했을 때 거미줄에 가해지는 힘을 조사했다. 일단 거미줄의 양 끝을 느슨하게 고정한 경우에는 수분을 흡수해서 수축했을 때 거미줄에 당기는 힘이 발생했다. 그러나 거미줄을 느슨하게 걸치지 않고 양 끝을 고정한 뒤에 수분을 흡수하면 순간적으로 발생하는 당기는 힘이 곧 약해진다(응력 완화 현상으로 변형 직후에는 분자 배열이 이상하지만 시간이 지나면서 안정적인 상태로 다시 배치되는 현상이 원인이다)는 것을 알게 되었다.

즉, 막 완성된 거미집처럼 실의 양 끝이 약간 당기는 힘으로 고정되어 있으면 수분 흡수 후에 응력 완화가 일어나 당기는 힘이 약해진다. 반대로 사냥감이 걸려들어 늘어진 부분은 수분을 흡수하면 수축하여 적절한 길이가 될 것이다. 즉 거미집에는 거미줄을 적절한 길이로 회복시킬 수 있는 시스템이 있으므로 기하학적인 구조를 잘 유지할 수 있는 것이다. 인간의 항상성과 같다. 생물계의 절묘한 시스템이 놀라울 뿐이다.

사람이 거미줄에 매달릴 수 있을까?

약 40년 전의 일이다. 어느 모임에서 "아쿠타가와 류노스케의 소설 「거미줄」에서처럼 사람이 거미줄에 매달릴 수 있을까요?"라는 질문을 받았다. 마침 거미에게서 거미줄을 채집하는 게 무척 어려운 일이라는 걸 알기 시작한 때였으므로 "그 이전에 거미줄을 많이 모으는 것 자체가 무리예요"라고 대답했다. 이론적으로는 사람의 체중을 지탱할 수 있는 거미줄 양을 계산할 수 있다. 하지만 사람이 매달리려면 15센티미터 정도의 거미줄이 필요한데, 그 정도로 긴 거미줄을 많이 모으는 일은 당시에 거의 불가능에 가까웠기 때문에 그렇게 답한 것이다.

2004년이 되어, 이번에는 "도코로 씨의 눈이 번쩍!"(니혼TV)이라는 프로그램의 감독이 "사람이 거미줄에 매달리는 실험을 해 보고 싶은데요……"라고 상담해 왔다. 그래서 나는 살아 있는 거미에게서 거미줄을 얻는 일이 얼마나 어려운지를 설명했다. 그리고 "실을 모으는 게 어려우니 실험은 어렵겠습니다"라고 말했으나, 감독은 쉽게 포기하지 않았다. 그래서 어쨌든 그에게 거미의 서식 장소와 거미 채집을 도와줄 만한 사람을 소개

해 주었다.

얼마 후, 감독이 가고시마현에서 중학생들을 동원해 호랑거미의 거미줄을 대량으로 모았다는 연락을 해 왔다. 길이가 100센티미터 정도인 거미줄 다발이었으며 무게로 볼 때 2만 5000개 정도로 추정되었다. 이 열의에 압도당한 나는 결국 스튜디오에 가서 함께 실험을 했다.

그러나 이 실험은 실패로 끝났다. 바구니에 끈을 매달고 사람이 아닌 수박을 먼저 달아 보았는데, 20킬로그램이 넘으니 실이 끊어지고 만 것이다. 그해 가을, 연말 특집 방송으로 재도전을 기획했고 이번에는 초등학생이 올라탔다. 하지만 거미줄이 바로 끊어지는 바람에 비참한 결말로 끝나고 말았다. 역시 거미줄에 사람이 매달리는 실험은 만만치 않았다.

아무래도 거미줄을 채집하는 방법과 거미줄 다발에 힘을 가하는 방법 등에 문제가 있었던 것 같았다. 또한 매듭 부분이 쉽게 끊어진다는 것도 알게 되었다. 계산상으로는 사람이 충분히 매달릴 수 있는 강도였으나 실제로는 달랐다.

또 하나 커다란 문제는 실패한 실험 두 건 모두 전 과정을 내가 점검한 게 아니라는 점이었다. 이것은 최근에 종종 발생하는 공동 연구의 맹점과도 같다. 그래서 언젠가 기회가 된다면 거미줄 채집까지 포함해 모든 과정을 스스로 이끌어 실험해 보고 싶다고 생각했다.

2005년 여름, 재도전이 시작되었다. 가고시마와 고치 등 남쪽 지방에서 많은 호랑거미를 모은 뒤 휴일에는 집에서, 평일에는 나와 연구보조원 두세 명 체제로 내가 모든 것을 점검하며 거미줄을 채집했다. 또한, 매듭을 없애기 위해 틀그림 7에 감은 거미줄 다발의 고리를 풀어 고리 몇 개를 하나로 합쳐 두꺼운 고리를 만들었다. 이것으로 해먹과 면 로프를 연결한 뒤 해먹에 올라타 그 강도를 실험해 보기로 했다.

때는 바로 2006년 5월, 우리 집 정원에서 거미줄 19만 개로 만들어진 고리를 사용해 65킬로그램인 내가 두려움을 안고 해먹에 올라타기로 했다. 끊어져도 다시 실험할 거미줄 다발은 없었다.

'끊어질지도 몰라' 하는 불안은 보기 좋게 비껴갔고, 드디어 거미줄에 사람이 매달리는 데 성공하였다.그림 14 인간이 실제 체험으로 거미줄의 강도를 증명한 순간이었다. 아내와 함께 기쁨을 만끽했다.

며칠 뒤에 TV 방송국 취재팀이 대학에 찾아왔다. 그때도 거미줄에 매달리는 실험에 성공하였다. 그러나 그 직후에 사고가 발

| 그림 14 | 사람이 거미줄에 매달리는 데 성공했다!

생했다. TV 방송국의 기자가 비장의 카드로 110킬로그램인 남자를 승합차 안에 대기시켜 둔 것이다. 처음에는 거절했지만 감독에게 설득당해 대기 중이었던 남자가 거미줄 다발에 매달리는 실험을 했다. 남자가 해먹에 허리를 걸치자마자 괜찮은지 걱정할 새도 없이 순식간에 거미줄 다발이 끊어지고 말았다. 나는 머릿속이 새하얘져서 멍하니 서 있기만 했다. 그 이후 나는 채집한 거미줄에 매달리는 실험을 몇 번이나 반복했다.

실험을 통해 처음에는 거미줄에 매달릴 수 있지만, 몇 번 올라타면 끊어진다는 것을 알게 되었다. 많이 겹쳐진 고리 안의 얇은 거미줄부터 순서대로 끊어지다가 마지막에는 거미줄 다발이 전부 끊어지고 만다.

그 뒤로 몇 차례 실패를 거듭한 끝에 섬유 사이에 빈틈을 줄여 강도 높은 끈을 만들 수 있게 되었고, 곧 "We are crazy"라는 해외 다큐멘터리 촬영을 하게 되었다. 2013년 11월, 며칠간 이어진 밀착 취재가 끝나는 토요일에 있었던 일이다. 감독이 "누구, 체중이 무거운 사람 있나요?"라고 물었다. 평일이었다면 대학 내에서 제일 무거운 사람은 체중이 120킬로그램 정도인 종양병리과 교수였을 것이다. 하지만 토요일이라서 그 교수는 학교에 없었다. 그래서 임상연구동을 돌아다니다가 한 사람을 발

견했다. "100킬로그램 정도입니다"라고 말한 대학원생 의사였다. 너무 무거워서 거미줄이 끊어져도 곤란했지만 대비했던 체중보다 가벼워서 조금 아쉽기도 했다.

사정을 설명하고 "정원 벚꽃나무 밑에 거미줄로 만든 해먹에 올라타 주지 않겠어요?"라고 부탁했다. 현장에는 200킬로그램까지 측정할 수 있는 소형 체중계가 준비되어 있었다. 먼저 내가 올라탔고 이어서 대학원생이 올라탈 차례였다. 거미줄 끈도 100킬로그램이라면 충분히 버텨 줄 거라고 생각했다. 그러나 대학원생이 소형 체중계에 올라갔더니, 바늘이 가리킨 숫자는 무려 124킬로그램이었다. 대학원생도 자신이 그 정도 무게라는 걸 처음 알게 된 모양이었다.

너무 무겁다는 생각에 조금 불안했지만 일단 불러냈으니 해먹에 태울 수밖에 없었다. 그때까지는 80킬로그램이 최고 기록이었고, 그때는 바로 거미줄이 끊어졌었다. 모 아니면 도인 승부였다. 우리가 "위험해!"라고 말하면 바로 내려오도록 주의를 주고 해먹에 올라타 달라고 부탁했다.

124킬로그램인 대학원생은 두려워하면서 해먹에 올라탔다. 그런데 웬일인지 끊어지지 않았다. 성공! 지금까지도 이 기록은 깨어지지 않고 있다.

거미줄로 트럭을 끌다

2013년에 다운타운(일본의 2인조 개그맨이자 가수-옮긴이)이 진행하는 "100초 박사 아카데미"(TBS)라는 여름 특집 방송에 출연하게 되었다. 연구자 몇 명이 각자 전문 분야를 선보이는 방송이었다. 먼저 스튜디오에 모인 많은 관중 앞에서 거미줄을 설명하고 그 후에 다른 출연자들에게도 마찬가지로 설명하는 방식이었다. 이어서 거미에게서 거미줄을 채집하는 모습을 선보이고 끝으로 채집한 거미줄로 트럭을 끌어 보기로 했다.

특집 방송 이야기가 나왔던 무렵에는 뒤에서 이야기할 바이올린 현으로 사용하려고 거미줄을 모으고 있었다. 매달리거나 당기는 용도로는 전혀 생각하지 않았기 때문에 마음이 복잡했다. 바이올린용으로 모은 긴 거미줄을 트럭을 끄는 데 쓰기는 아까웠다. 하지만 한편으로는 앞서 이야기했듯이 섬유 사이에 빈틈을 줄여 끈의 강도를 높이는 방법을 찾아냈으니 한번 시험해 보고 싶다는 마음도 있었다.

그러나 적재량이 2톤인 트럭이라면 전체 중량이 거의 3톤에 이른다. 100킬로그램 정도인 사람 몸무게와는 단위가 다르다.

사전에 대학에서 짐수레에 여섯 명 정도를 실어 당겨 보았을 때 성공하긴 했으나, 소형 자동차는 거미줄로 당겼을 때 꿈쩍도 하지 않았다. 너무 강하게 당겨서 끈이 끊어져도 예비분이 없으므로 일단 사전 테스트는 거기서 중단했다. 불안해진 나는 감독에게 "트럭은 무리일지도 모르겠습니다"라고 말했다.

그럼에도 불구하고 녹화 당일에는 무려 적재량 2톤짜리 트럭이 준비되어 있었다. 역시 기획의 중심은 트럭이었다. 수월할 거라고는 생각하지 않았다. 녹화 막바지가 되자 드디어 트럭을 끌어야 하는 상황이 되었다. 나는 '끊어져도 어쩔 수 없다'라며 포기하기에 이르렀다. 팔 힘이 센 스태프 두 명이 트럭 앞바퀴 부분에 로프를 걸고 로프에 거미줄 끈을 묶은 뒤, 다시 줄다리기용 로프를 묶었다. 이 로프로 스태프 두 명이 트럭을 끌게 된다. 나는 그들에게 천천히 끌어 달라고 부탁했다. 순간적으로 힘이 가해져서 거미줄이 끊어지지 않을까 걱정되었기 때문이다. 다운타운 콤비 중 한 명인 하마다 씨도 "천천히 해"라며 내 말을 반복해 주었다. 그리고 스태프들이 트럭을 천천히 끌기 시작했다. '앗! 끊어졌나?' 하고 생각한 순간, 트럭이 움직였다. 스튜디오 녹화 현장에서 처음 성공한 일이었다.

재미가 들린 하마다 씨는 트럭에 사람을 더 태워 보자고 제안

했다. 다른 출연자들이 차례차례 올라탔고 총 여섯 명이 트럭에 탔다. "선생님도 같이 타시죠" 하고 권했으나 나는 거미줄이 끊어질까 걱정이 되어 옆에서 지켜보기로 했다.

결과적으로 거미줄은 끊어지지 않았으며 2톤 트럭이 사람 여섯 명을 태운 채(약 3500킬로그램) 움직였다. 거미줄이 얼마나 강한지가 증명된 순간이었다.

읽을거리

인공 거미줄의 꿈

21세기가 되어 지금까지 꿈만 꾸었던 거미줄 양산화 이야기가 현실로 다가오기 시작했다. 2002년에 과학 잡지 《사이언스Science》에서는 캐나다의 벤처 기업 '넥시아'와 미국 육군이 공동으로 유전자공학을 통해 염소젖으로 거미줄을 만드는 데 성공했다고 발표했다. 이는 세계적인 뉴스였다. 만약 거미줄 양산이 가능하다면 독특한 기능을 가진 거미줄 제품도 생산할 수 있기 때문이다. 나는 이듬해에 캐나다에서 열린 국제 학회에 참석했다. 마침 넥시아 연구소를 방문할 기회가 생겨서 거기에서 유전자공학으로 만든 거미줄을 감은 보빈(통 모양 실패)을 볼 수 있었다. 넥시아는 "2004년에 견본품으로 실용화 가능성을 테스트하고 2005년에는 출시하고 싶다"라는 입장을 내비쳤다.

만약 거미줄 양산이 가능해진다면 내가 끈기 있게 모은 거미줄은 쓸모가 없어진다. 내가 모으는 양은 몇 톤 단위인 대량생산과는 비교도 안 될 만큼 적었다. 그러나 아무리 기다려도 넥시아는 새로운 소식을 발표하지 않았다. 결국, 적절한 크기와 분자량을 가진 거미줄을 만들 수 없어 2009년에 철수했다고 한다.

또한, 일본 신슈대학에서 누에에 거미줄 유전자를 주입하여 거미줄을 만들려는 시도가 있었다. 실 제작이라는 가공의 관점에서 보면 제일 합리적인 발상이었다. 하지만 누에 안에 거미줄 성분이 10퍼센트 정도밖에 포함되지 않았으며, 실에 거미줄의 특성이 반영되었다는 명확한 보고가 없어서 안타까웠다.

야마가타에 있는 한 벤처기업이 거미줄 유전자를 도입한 고초균(Bacillus subtilis, 공기나 물, 토양에 널리 분포하는 세균으로 대장균과 함께 생물학 실험에서 많이 쓰인다)을 사용해 인공 거미줄 생산의 길을 열었다는 보도도 있었다. 아직까지 생산된 물질에 어떠한 특성이 있다는 보고가 나오지 않아서 판단을 하기에는 이르다. 하지만 거미줄은 21세기 꿈의 섬유로 기대를 받고 있으며, 실용화를 위해 세계적으로 많은 기업이 인공 거미줄의 연구 개발에 힘쓰고 있다.

제 3 장

바이올린에 도전!

무모한 결심

조금 거슬러 올라가서 때는 2008년이었다. 거미와 깊은 관계를 맺으면서도 본업인 의학부 교수 일로 나는 매년 대단히 바빴다. 평일에는 회의와 본업인 연구로 바빴기 때문에 거미를 채집하고 데이터를 정리하는 작업은 휴일에 하게 되었고, 이런 생활이 오랜 시간 계속되었다. 특히 2008년에는 대학원의 책임자 역할도 겸해야 했다. 그래서인지 건강이 나빠져 연말부터 다음 해 설날까지 병원에 입원한 채 보내야 했다. 연말에 수술을 하고 설날은 집중치료실 안에서 보냈다(생각해 보니 한여름에 수분 보충도 제대로 하지 않고 거미를 채집하기 위해 남쪽 지방을 돌아다녔기 때문에 생긴 결과인지도 모르겠다).

다행히도 몸은 잘 회복되었고, 오랜만에 휴가다운 휴가를 즐기던 3월의 어느 날이었다. "휴일은 정말 좋구나!" 하고 감동하면서 차를 타고 여유롭게 오디오에서 나오는 음악을 들었다. 정겨운 러시아 민요 「산의 로자리아」가 바이올린 연주로 흘러나왔다. 그 차분한 음색이 내 마음에 깊이 각인되었다. 그리고 동시에 20년 전에 유럽의 오래된 교회에서 느낀 바이올린 음색을 듣고 느꼈던 강렬한 인상이 떠올랐다. '거미줄로 바이올린을 연주해 보면 어떨까?' 바이올린 선율의 여운을 즐기면서 나는 꿈같은 상상을 했다.

그런데 이 꿈같은 이야기를 실행에 옮길 기회가 의외로 빨리 찾아왔다. 같은 해 5월 오사카에서 강연할 일이 생겼는데, 이 강연 마지막에 거미줄에 매달리는 실연을 할 예정이었다. 하지만 4월에 오사카에서 신종인플루엔자가 유행하기 시작하여 강연회가 중지되어 버렸다. 강연회 연기로 마음이 조금 가벼워지고 나니 문득 「산의 로자리아」가 떠올랐다. 그리고 강의에서 실연용으로 사용할 예정이었던 짧은 거미줄 다발을 몇 개 연결해 길게 만들어 보았다. 거미줄로 바이올린용 현을 만들 수 있을지를 생각해 본 것이다.

꿈같은 이야기라고는 해도 나름대로 승산이 있다고 생각했다. 지난 40년 동안 거미줄 연구하면서 거미줄이 역학적으로 강하며 탄성과 유연성도 있다는 걸 알고 있었기 때문이다. 이러한 특징 때문에 거미줄은 바이올린 현으로도 적합할 거라고 생각했다. 또한, 그때 마침 사람이 매달릴 수 있는 거미줄 다발 만들기에 도전하고 있었기 때문에 거미에게서 긴 거미줄을 채집하는 요령을 조금씩 알아 가고 있었다.

게다가 지금까지 본업으로 마이크로파를 일으키는 공진기optical cavity 계통 장비를 이용하여 분자 배향을 알아보는 장치를 만들기도 했다. 덕분에 음색을 평가하는 방법 중 하나인 주파수 해석에 대한 허들도 높지 않았다. 피부 같은 생체 조직 내 콜라겐 섬유의 역학 특성에 관한 연구도 해 왔다. 그렇기 때문에 바이올린 현으로 종종 사용되는 거트(양의 창자)나 나일론 등의 역학 특성은 얼마든지 측정할 수 있는 상태였다.

현악기를 연주해 본 적이 없던 나는 이렇게 바이올린 현이라는 문을 통해 무모하게도 음악에 뛰어들었다.

바이올린을 구입하다

2009년 11월의 어느 날 저녁, 집 근처 악기점에 들러서 기타와 바이올린, 그리고 거기 걸리는 현들을 보여 달라고 했다. 바이올린에 거미줄 현을 바로 설치하는 건 무리라고 해도 아름다운 음색이 나는 바이올린을 구입해 두고 싶어서였다. 하지만 30만 엔에서 50만 엔이나 하는 고가의 바이올린을 바로 살 수는 없었다. 그래서 일단 저렴한 중국제 바이올린을 주문했다.

5일 후 밤에 주문한 바이올린을 찾으러 악기점에 갔다.그림 15 내 인생에서 처음으로 바이올린을 갖게 된 순간이었다. 가게 주인은 케이스에 보관했던 바이올린과 활을 꺼내 조심스레 이것저것 설명해 주었다. 처음 듣는 단어가 많아서 이해하기 어려웠고, 단어의 뜻보다는 빨리 소리를 듣고 연주 방법을 눈으로 확인하고 싶었기에 한번 연주해 달라고 부탁했다. 가게 주인은 흔쾌히 응하며 바이올린 본체와 활을 꺼내어 조율한 뒤에 "이곳을 이렇게……", "활은 이 부분에서 현에 직각으로……"라고 설명하면서 연주해 주었다. 또한 악기를 안정적으로 쉽게 연주하기 위해 어깨에 대는 법도 가르쳐 주었다.

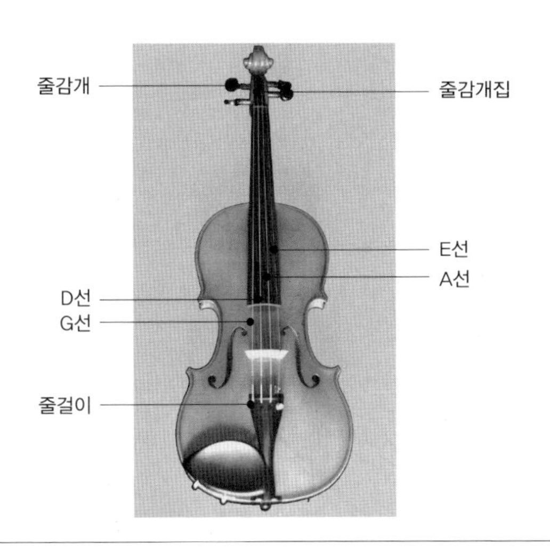

| 그림 15 | 구매한 바이올린과 각 부분의 명칭

한 번 설명이 끝난 뒤에 훗날 거미줄 현 제작을 대비해 현을 무엇으로 만드는지 물어보았다. 그러자 가게 주인은 "현은 대부분 금속으로 만듭니다. 금속 심 주변을 가는 금속으로 말아서 만든 것이죠"라고 하였다. 나는 '금속이 저렴해서 그런가?'라고 이해했다. "거트로 되어 있는 건 없나요?" 하고 물었더니 "거트 심 주변에 은실을 감은 것은 있지만 거트로만 된 현은 지금 이곳에 없습니다"라는 대답이 돌아왔다.

내 목적은 거미줄 현으로 바이올린을 연주하는 것이므로 구

매한 바이올린에 대해 먼저 알아보고 사용해 보면서 어떤 현을 만들면 좋을지 생각해 보기로 했다. 초보자인 내가 바이올린의 미묘한 음색 차이 같은 것을 알 수 있을 리 없지만 어쨌든 한번 켜 보았다. 켜 보았다기보다 활을 현에 대어 긋고 소리를 내 보았다는 표현이 정확할 것이다. 어떤 소리가 나야 괜찮은지도 모르는 수준이었지만 그래도 내가 바이올린으로 처음 낸 소리였기에 '이것이 바이올린인가……' 하며 감개무량해졌다.

음악대학을 방문하다

먼저 음악과 관련된 역사적 지식을 탐구하는 것은 물론이고 현악기에 사용되는 현의 재료와 그 성질, 소리를 해석하는 방법을 알아보기로 했다. 현재 상태를 인식하는 것은 연구의 첫걸음이다. 도서관 몇 곳과 서점에서 문헌과 책을 조사하면서 현악기 지식을 늘려 나갔지만 현에 대해 참고할 만한 것은 거의 없었다. 그래서 음악을 전문으로 하는 대학에서라면 무언가 알 수 있을지도 모른다고 생각해 2009년 12월 중순, 오사카음악대학 도서관에 방문했다.

도서관에는 음악과 관련된 다양한 책이 있었지만 현의 재료나 음색 해석에 참고할 만한 자료는 찾을 수 없었다. 다만 도서관 직원에게 다른 캠퍼스에 악기박물관이 있다는 말을 듣게 되어 그곳을 방문하기로 했다.

악기박물관은 학교 건물 2층에 있었다. 전시실 입구에서 보이는 안쪽에는 현악기는 물론이고 관악기와 피아노 등 보는 것만으로도 압도될 만큼 많은 악기가 빼곡히 전시되어 있었다. 안내처에 현악기에 대해 설명해 줄 사람이 있는지 물어보았다. 그러자 "마침 오늘 바이올린 담당자가 있습니다"라고 해서 바로 소개받았다. 담당자에게 바이올린 현에 특히 관심이 있다고 말했더니 그는 바로 다양한 종류의 현을 가져와 보여 주었다. 마침 현을 모으고 있던 분이었다. "이것이 양의 창자로 만든 거트 현입니다." "이것은 나일론입니다. 이 나일론 현으로 각 회사가 치열하게 경쟁하고 있습니다." 이렇게 여러모로 상세한 현황을 설명해 주었다. 또한 거트는 두께가 불균형해서 현의 가는 부분이 쉽게 끊어진다는 등 현마다 다른 특징도 가르쳐 주었다.

거트 현은 만져 보았을 때 딱딱한 느낌이 났으며 비틀려 있다는 걸 알 수 있었다. 본업으로 해부용 시체의 장기를 만진 적이 있는데, 장기가 메말랐을 때와 느낌이 비슷했다. 내가 더 두

꺼운 현을 보고 싶다고 해서 가져다준 것은 가야금 현과 매우 유사했다.

현을 구경한 뒤에 박물관 안에 있는 바이올린 전시장을 안내받았다. 담당자는 전시되어 있던 명기를 차례대로 꺼내어 연주해 주었다. 어느 바이올린에서 나는 음색이든 뭐라 말할 수 없이 멋졌기에 그저 황홀하게 듣고만 있었다. 담당자에게 이 감상을 말했더니 "저는 이곳의 교직원입니다"라고 신분을 밝혔다.

이분이 바로 박물관의 악기반 주임이자 바이올리니스트 마쓰다 준이치 선생이었다. 내게 연주를 들려주면서 사용한 바이올린 중에는 1억 엔에 상당하는 스트라디바리우스와 2천만 엔짜리 활도 있었다. 좀처럼 보기 힘든 것들을 만나면서 나는 감동과 감사로 가슴이 벅차올랐다.

마쓰다 선생은 다양한 현을 모으고 있었다. 선생이라면 아마 현에 대해서도 잘 알고 있으리라 생각해 우쿨렐레와 바이올린 현의 차이를 물었다. 실은 그때까지도 바이올린보다 현의 길이가 조금이라도 짧은 우쿨렐레로 실험을 할까 고민하던 차였다. 그런 생각으로 이미 우쿨렐레도 구비해 둔 터라 선생의 대답이 궁금했다. 그는 "우쿨렐레는 현의 재료 차이가 소리에 잘 반영되지 않아요. 하지만 바이올린은 현의 재료가 소리 그 자체가 됩니다. 거미줄로 바이올린 현을 만들면 재밌을 것 같군요" 하고 말했다. 나는 그 한마디로 바이올린에 거미줄 현을 달자는 결심을 굳힐 수 있었다.

거미줄로 소리가 났다!

어쨌든 소리를 거미줄로 내 보자고 결심했지만 갈 길이 멀었다. 2009년 연말이 가까워지던 어느 날, 곧 뒤에서 이야기할 테지만 그해 여름에는 100센티미터나 되는 긴 줄을 사용한 현 만들기에 착수했으나 아직 완성은 요원한 상황이었다. 그래서 그 당시 사람을 매달기 위해 모아 두었던 12센티미터짜리 거미줄 다발 고리 몇 개를 차례대로 가로 매듭으로 연결하여 60센티미터 정도되는 끈을 만들었다. 매듭이 눈에 띄지 않도록 하는 것이 매우 어려웠다. 그래도 다양한 방법을 고안하면서 '현과 비슷한 끈'이라고 부를 수 있을 만한 물건을 만들어 냈다. 현을 바로 대체할 정도는 아니었으나, 당시로서는 최선이었다.

어떤 소리가 날까? 나는 금속 현의 높고 날카로운 소리와는 다른 소리가 날 것을 기대하고 있었다. 하지만 아내는 "어떤 소

리일지 알 수 없고, 좋은 소리는커녕 오히려 좋지 않은 소리가 날지도 몰라" 하고 기대에 찬물을 끼얹는 말을 했다. 확실히 아무도 거미줄 현을 건 바이올린을 켜 본 적이 없으니 음색을 알 수는 없었다. 하지만 그 말을 듣고 나니 의욕이 한층 더 불타올랐다.

우리 집 거실에서 거미줄 끈을 처음으로 바이올린에 걸어 보았다. 바이올린을 사면서 현을 거는 방법에 대한 설명은 듣지 못했기에, 일단은 우쿨렐레에 걸어 본 방법대로 해 보았다. 먼저 거미줄 끈의 끝을 줄걸이로 고정하고 다른 한쪽 끝을 줄감개집이라는 구멍에 넣어 줄감개를 돌려 당긴 후, 끊어지지 않을 정도로 조였다(각 부분의 명칭은 그림 15 참조). 그 상태에서 활을 대어 연주해 보았다.

그랬더니 놀랍게도 소리가 났다. 그때의 감상은 '시작하며'에서 이야기한 바와 같다. 거미줄 끈을 세팅한 바이올린으로 연주한 첫 소리였다. 금속제 현이 내는 높고 날카로운 소리와 달리 부드러운 소리였다.

어쨌든 거미줄 끈을 건 바이올린에서 처음으로 소리가 난 것이다. 이때는 끈을 팽팽하게 당겨서 걸지 않았으며 조율도 하지 않았기에 꽤 낮은 음이 났다. 그래도 우쿨렐레와는 다른 바이올린 특유의 소리를 급히 달려온 아내에게도 들려줄 수 있었다.

다음날 오후에 교수실로 신경내과의 우에노 사토루 교수가 찾아왔다. 우에노 교수도 음악에 조예가 깊은지라, 마쓰다 선생에게 했던 질문을 똑같이 해 보았다. "우쿨렐레와 바이올린이라면 당연히 바이올린이지요"라며 그 역시 바이올린을 추천했다. 그래서 우에노 교수에게도 거미줄 현을 건 바이올린의 첫 음색을 들려주었다. 소리를 들어 본 교수는 (음색은 그렇다 치고) "바이올린을 연주하는 사람은 유럽에 많으니 국제 학회에서 발표해 보는 건 어떠신가요?"라고 권했다.

우리는 더 이야기를 나누다가 마쓰다 선생에게도 전화를 걸어 이 음색을 들려주기로 했다. 우에노 교수가 수화기를 들어 주고, 나는 거미줄 현을 건 바이올린을 켰다. 소리를 듣자 마쓰다 선생은 "확실히 다른 현과는 다르네요"라는 감상을 전했다. 거미줄 현만의 특징이 나타난다는 것이다. 그러고는 "거미줄 현을 가져오시면 스트라디바리우스에 걸어 연주해 보고 싶네요"라고까지 말했다.

격려차 하는 말이라고 생각하면서도 전문가의 예상치 못한 반응에 매우 기뻤다. 그래서 "내년 1월에 대학을 방문하겠습니다" 하고 약속을 했다. 그때는 조율조차 되지 않은 거미줄 끈일 뿐이었으며 역학적으로도 약한 가짜 현이었다. 하지만 마쓰다

선생에게 '스트라디바리우스'에 걸어 연주해 보고 싶다는 말을 듣고부터는 그 명기에 걸 만한 현을 만드는 것이 새로운 목표가 되었다. 앞으로 얼마나 길고 험난한 날들이 기다리고 있는지도 모르고 그날 나는 "오늘은 역사에 기록될 만한 날인지도 몰라!" 하면서 기고만장했다.

|

긴 거미줄이 필요해

고리 모양으로 연결한 끈을 바이올린에 걸었더니 기쁘게도 소리가 났다. 하지만 생각해 보면 어떤 끈을 걸든지 소리는 날 것이다. 단, 고리 모양으로 연결해 만든 끈은 결합 부분이 적은 만큼 곡선 모양이었으며 두께가 균일하지 않았다. 그래서 잘 정돈된 부드러운 파장인 정현파正弦波 진동이 나타나지 않는다. 정현파 진동이 나타나려면 두께가 균일하고, 균질한 끈을 만들어야 한다. 그러기 위해서는 역시 100센티미터 정도의 거미줄을 많이 모으는 수밖에 없었다.

2009년 여름부터 호랑거미와 필리페스무당거미에게서 긴 거미줄을 채집하려고 시도했다. 호랑거미는 비교적 많은 거미줄을 뽑어내지만 공격적이어서 실을 뽑다가도 금방 끊어 버리며, 때때로 포획대도 거미줄에 섞여 들어가기 때문에 균질한 실을 모으기 어렵다. 한편 필리페스무당거미는 다리 길이가 15센티미터나 되는 큰 거미인데, 온순한 편이라 잘 다루면 두껍고 길면서도 균질한 실을 얻어 낼 수 있다. 그래서 필리페스무당거미가 목표하는 긴 줄을 얻기에 적합하다고 생각했다.

먼저 필리페스무당거미가 많이 서식하는 오키나와 본섬과 오키나와 남쪽 미야코지마로 향했다. 현지에서 거미를 포획하여 400밀리리터짜리 커다란 종이컵에 한 마리씩 담아 비행기로 수송했다. 수송 중에 받은 스트레스로 거미가 꽤 약해져서 집에 도착한 뒤에는 일부를 정원에 풀어 주었다. 거미는 일단 거미집을 만들어야 활발히 움직이므로 거미집을 만든 개체여야만 쉽게 실을 뽑아낼 수 있다. 그러나 집을 만들 공간을 확보하는 게 어려웠는지 일부 개체만이 거미집을 만들었다. 또한 정원에 풀어 두면 새에게 잡아먹힐 가능성도 있었다. 이처럼 거미줄 채집은 초기 단계부터 그렇게 간단하지 않다.

긴 거미줄을 감아 내는 것도 문제였다. 그때까지 만든 고리 모양 거미줄 다발은 길이가 15센티미터 정도였으며 15센티미터씩 접어 구부리듯이 감아 냈다. 그러나 이번에는 그것보다 훨씬

긴 거미줄을 구부리지 않고 모아야 했다. 여기에 필요한 도구를 생활용품점 등에서 찾아 보았으나 그대로 사용할 수 있을 만한 도구가 보이지 않았다.

이렇게 된 이상 직접 만들 수밖에 없었다. 이것저것 생각한 끝에 지름이 큰 롤을 거미줄을 감는 용도로 사용해 보기로 했다. 이것으로 지름이 30센티미터 정도이고 원둘레가 100센티미터 정도인 거미줄 다발을 채집할 수 있게 되었다.

이 롤로 거미줄을 감아 내려면 거미가 거미줄을 바로 끊지 않게 해야 했다. 필리페스무당거미는 얌전한 성격이지만 쉽게 겁을 먹으므로 어쨌든 거미의 기분이 좋을 때 거미줄을 뽑아내야 한다. 오랜 기간에 걸쳐 쌓아 온 거미와의 커뮤니케이션 노하우가 여기서 빛을 발했다.

나를 도와준 연구보조원과 의학생들은 한여름의 더위에도 열심히 거미줄 채집에 힘써 주었다. 처음에는 그들이 거미줄을 잘 다룰 수 있을지 걱정이 되었지만 조금 훈련했더니 한 사람이 거미를 손과 어깨에 올리고, 그림 16 다른 사람이 감기 도구 손잡이를 천천히 돌리면서 거미줄을 잘 채집할 수 있게 되었다. 그들은 거미줄 채집을 하려면 거미의 습성과 거미의 기분을 생각하는 것이 중요하다는 것을 눈 깜짝할 사이에 파악해 냈다.

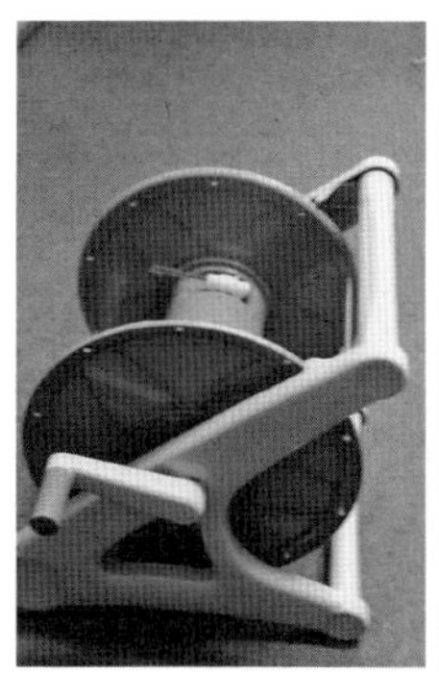

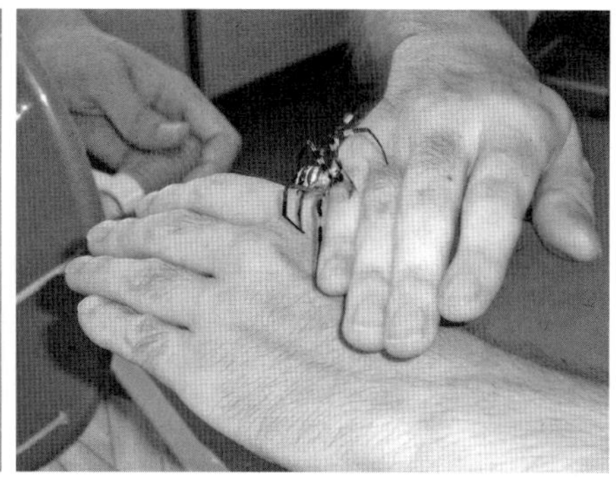

| 그림 16 | 거미줄 감기 도구(왼쪽)와 거미줄을 채집할 때 학생 손 위에 올라탄 호랑거미(오른쪽)

악전고투! 현 만들기

필리페스무당거미 덕분에 긴 거미줄을 많이 모을 수 있게 되면서 드디어 매듭이 없는 현을 만들 수 있는 가능성이 생겨났다. 다음 과제는 이것을 어떻게 현으로 만들 것인가였다. 먼저 거미줄의 집합체로 끈을 만들어야 한다. 하지만 가늘고 역학 강도가 있는 끈이 아니면 '현'이라고 부를 수 없다. 두께도 균일해야 하고 당겼을 때 응력 완화가 일어나면 음정이 이상해지므로 현으

로 쓸 수 없다.

거미줄 다발로 만든 긴 끈을 바이올린에 걸고 적절한 음정을 내기 위해 당겨 보았더니 쉽게 끊어져 버렸다. 오랫동안 만든 현이었던 만큼 매우 속상했다. 비틀림 정도를 조절하면서 강도를 높이려는 노력을 계속하며 같은 실패를 몇 번이고 반복한 끝에 드디어 목표하는 진동수에 도달할 수 있었다.

그러나 곧 새로운 문제에 부딪혔다. 조율을 해도 몇 시간이 지나면 응력 완화가 일어나 음정이 떨어지고 말았다. 또 한 번 실패한 것이다. 그 후, 처음에는 쉽게 늘어나는 현도 5일 이상 지나면 늘어나는 현상이 대부분 멈추며 진동수가 안정된다는 것을 알게 되었다. 며칠 정도 조율이 필요한 거트 현과 비슷하다.

그렇지만 언제나 예비 끈이 없는 외줄타기 상태였다. 조율을 위해 당길 때마다 언제 현이 끊어질까 걱정이 되어 심장이 멈출 것 같았다. 조율이 잘되어 '당분간 안심이다'라고 생각해도 다음 날 끊어지는 경우가 많았다.

몇 번이나 이러한 괴로움을 맛보았다. 어디가 끝인지 알 수 없는 큰 미로를 헤매는 느낌이었다.

바이올린 레슨을 다니다

긴 끈을 바이올린에 걸 수는 있었지만 바이올린용 현은 어떤 것이 좋은지 종착점을 알 수 없는 상태였다.

바이올리니스트에게 연주를 부탁해 현을 평가받는 방법도 생각해 보았다. 그러나 어느 정도 갖춰진 완성품이라면 평가해 줄지도 모르지만 초기 시작품 수준으로 몇 번이나 상담을 요청할 수는 없었다. 현이 바로 끊어지거나 활과의 상성이 나쁘면 바로 불가능하다는 낙인이 찍힐 수도 있다. 물론 언제나 바이올리니스트가 실험 현장에 상주하며 현을 평가해 주는 것은 아니기에 평가 도중에 끈이 끊어지는 원인도 파악하기 어렵다.

그래서 내가 직접 연주할 수 있다면 문제를 이해하고 좋은 현을 만드는 요령도 파악할 수 있을 거라고 생각했다. 이전에 장치를 개발할 때 문제를 극복했던 경험이 근거가 되었다. 급할수록 돌아가야 하는 법이다. 나는 2010년 3월부터 바이올린 레슨을 다니기로 했다.

레슨을 가기 전에 집에서 바이올린을 켜 보았다. 물론 이때는 구매한 바이올린에 걸려 있던 금속 현을 사용할 수밖에 없었다.

하지만 현을 잡는 방법도 알지 못해 끽끽거리기만 했고 제대로 된 소리는 나지 않았다. 근무처인 대학교의 바이올린 클럽에 있는 신입생도 반년은 지나야 어떻게든 연주할 수 있게 된다고 했으니, 무리도 아니었다. 왼손 손가락으로 현을 다시 잡아도 역시 제대로 된 소리는 나지 않았다. 며칠 후에 학생에게 물어보니, 아무래도 활을 움직이는 방법이나 현을 잡는 방법에 문제가 있는 듯했다. 머리로는 문제를 이해할 수 있었으나 손도, 손가락도 좀처럼 내 생각대로 움직여 주지 않았다.

조율을 하는 방법도 현을 당기는 세기가 미묘해서 꽤 어려웠다. 바이올린에 익숙지 않았기에 금속 현이라도 너무 강하게 당기면 끊어지는 경우가 있었다.

그래서 나는 바이올린 레슨을 다니게 되었다. 활에 송진을 바르는 방법이나 바이올린을 케이스에 보관하는 법부터 배우기 시작했다. 그런데 내 중국제 바이올린은 선생님 것과 음질이 확실히 달랐다. 그래서 나도 연습용과 실험용으로 독일제 바이올린을 두 대 구매했다.

첫 레슨에서는 제일 간단한 곡 일부를 연주하고, 왼손으로 운지법을 배웠다. 그러나 잘되지 않았다. 나이를 먹으면서 기억력이나 운동능력이 떨어져서 더 어려운 것 같았다. 조금 소리가 나면 젊은 선생님이 "잘하시네요" 하고 칭찬해 주었으나 이렇게 단순한 일로는 칭찬을 받아도 별로 기쁘지 않았다. 나도 참 고분고분한 맛이 없는 어른이다.

교실에서 배운 것을 집에서 복습했다. 선생님의 가르침을 떠올리며 연주해 보았지만 좀처럼 잘되지 않았다. 그래서 따로 사두었던 책을 펼쳐 어떤 손가락으로 누르면 어떤 소리가 나는지 머릿속으로 이해한 것을 실제로 해 보았다. 예를 들면 바이올린에는 음역이 높은 것부터 낮은 것까지 순서대로 E선, A선, D선, G선이라는 네 개의 선이 있는데, 이 선들의 어느 부분을 누르면 어떤 음정이 나는지 책에 쓰여 있었다. 손가락 두 개를 붙여 누르는 부분과 떼어 누르는 부분이 있는데, 처음에는 이 차이를 전혀 이해할 수 없었다. 진동의 원리를 알아본 뒤에야 붙여 누른 손가락의 음정 차는 반음이고, 떼어 누른 손가락의 음정 차는 온음이라는 것을 겨우 이해할 수 있게 되었다.

원래는 이해를 못 해도 연주만 잘하면 된다. 하지만 나는 이해를 해도 몸이 따라가질 않았다. 몇 번이나 실패를 거듭하면서 소리 내는 방법을 조금씩 알아 갔다(물론 레슨에서는 시판되는 현을 사용했다).

제대로 된 소리가 나지 않고 끽끽거릴 때에는 활을 현에 수직

으로 켜지 않고 어긋나게 켜고 있었기 때문이라는 것도 깨달았다. 오른손이 직선으로 움직이지 않은 것이다. 또한 처음에는 현을 켤 때에는 활의 말꼬리 털이 끊어지지 않을까 걱정도 했는데, 약한 힘으로 활을 당겨 본 후에는 쉽게 끊어지지 않는다는 것도 알게 되었다. 어깨 패드도 처음 구매했던 대로 사용해 왔는데 연주자에게 적합하도록 조절해야 한다는 것을 알게 되었다.

이처럼 레슨을 거듭할수록 배우고 알게 되는 내용도 늘어 갔다. 하지만 이와 동시에 서서히 의문도 생겨났다. 가령 새끼손가락으로 현을 누르고 연주할 경우와 한층 위 음역의 현을 개방 현(현을 손가락으로 누르지 않는 상태)으로 연주할 때에는 같은 음정의 소리가 난다. 어떤 경우에 어떤 방식으로 연주해야 좋은 것인가? 바이올린 연주를 보는 것과 실제로 하는 것은 매우 달랐다. 가볍게 시작했으나 연주는 매우 어려운 일이라는 것을 새삼 깨달았다.

그렇게 6년이 지났다. 집을 이사해서 바이올린 교실도 바뀌었다. 6년이나 레슨을 다녔더니 현의 문제점이 어디에 있는지 선생님이 설명해 주면 바로 이해할 수 있게 되었다. 또한 거미줄을 현으로 사용할 때는 튜닝 중에 현이 끊어지는 일도 많았으나 레슨을 받으면서 거미줄 현이 쉽게 끊어지는 원인도 알게 되었다.

그리고 사용하기 편한 현을 만들려면 어떻게 하면 좋을지도 조금씩 깨달았다. 대략적으로 말하자면 먼저 거미줄 사이에 빈틈을 줄이고 조밀하게 만드는 것이 좋으며, 음정이 내려가지 않도록 사전에 응력 완화를 일으켜 두는 것이 핵심이다.

이러한 노력 덕분에 나는 점차 잘 끊어지지 않는 현을 만들고 또 제대로 소리를 낼 수 있는 단서를 발견하게 되었다.

거미줄 수천 개가 하나의 현으로

수많은 시행착오를 거쳐 도달한 거미줄 현그림 17의 작업 방법은 아래와 같다.

현 중에서 두 번째로 높은 음정을 담당하는 A선을 만드는 법은 이렇다. 많은 필리페스무당거미에게 채집한 약 100센티미터의 거미줄 3000개를 모아서 양 끝을 접착테이프로 고정하고 거미줄을 다발 상태로 만들어 6개월 동안 보존해 둔다. 그러면 처음에는 100센티미터에 가까웠던 거미줄이 양 끝의 매듭을 포함해 약 80센티미터까지 짧아진다. 이 거미줄 다발을 왼쪽으로 감아 비틀면 73센티미터의 끈이 된다. 이런 끈을 세 개 만든 뒤에,

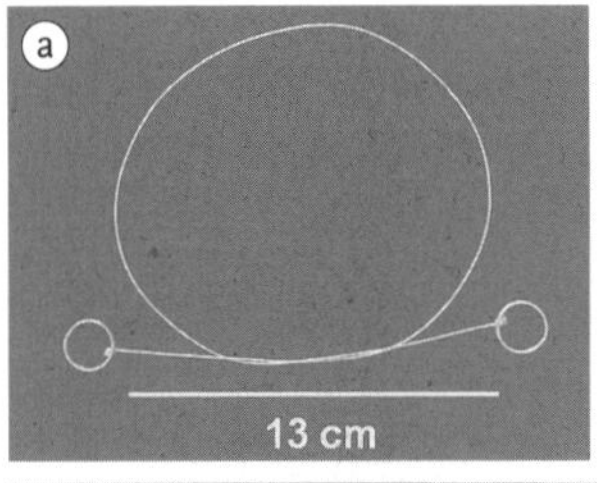

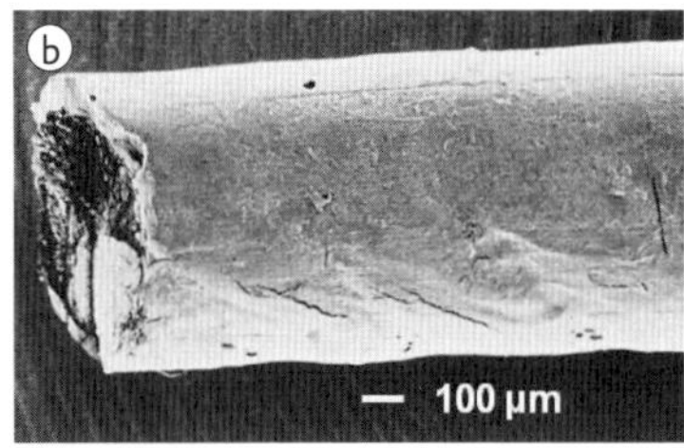

| **그림 17** | 거미줄 현 (a) 외관(양 끝의 작은 고리는 현 제작에 사용한 금속 링이다) (b) 전자현미경 사진 (c) 거미줄 현을 설치한 바이올린

그 세 개를 함께 오른쪽으로 감아 비틀면 길이 65센티미터의 두꺼운 끈이 완성된다.

이 양 끝에 매듭을 만들면 끈은 55센티미터까지 짧아진다. 마지막으로 표면을 균일하게 만들기 위해 젤라틴 액에 5분간 담갔다가(지금은 이 공정을 생략하는 경우도 있다) 꺼내서 하룻밤 동안 말린다. 이렇게 해서 완성된 현은 두께가 850마이크로미터다.

A선 한 개에 사용한 거미줄은 3000개×3=9000개에 달한다.

E선, D선과 G선도 이와 완전히 똑같은 과정을 거쳐 만들기 때문에 자세한 내용은 생략하지만, E선 1개에는 2000개×3=6000개, D선에는 4000개×3=1만 2000개, G선에는 5000개×3=1만 5000개의 거미줄이 사용된다.

읽을거리

바이올린 현의 다양한 모습

바이올린에 사용되는 현의 재료는 오래전부터 사용된 거트를 비롯해 금속, 합성섬유 나일론이 있다. 지금 일본에서 시판되는 바이올린 현은 모두 외국산이다.

옛날에는 실내음악이 주류여서 큰 음량이 필요하지 않았기 때문에 현의 재료가 거트여도 문제가 없었다. 하지만 최근 커다란 콘서트홀이 늘면서 음량이 중요해지다 보니 금속 현이나 나일론 현이 많이 사용되고 있다. 거트 현은 테니스 라켓에 쓰이는 거트와 같지만 테니스 라켓도 최근에는 합성섬유를 주로 사용한다.

연주자는 좋은 소리만 낼 수 있다면 현의 미세한 구조 같은 건 상관하지 않을지 모른다. 하지만 나는 순수하게 학문적인 호기심으로 현의 미묘한 구조가 알고 싶었다. 요즘에는 나일론과 거트를 심으로 삼고 그 바깥쪽에 얇은 금속 실이나 금속 판이 감겨 있는 등 복합적인 현이 많다. 이것을 전자현미경으로 관찰해 보니 매우 재미있는 구조를 볼 수 있었다.

먼저 제일 높은 음정을 담당하는 E선을 살펴보니 금속 현처럼 보였던 하나(Art. No. 683104, Synoxa, PIRASTRO 제품)는 육안으로 봤던 것처럼 얇은 금속 실(두께 250마이크로미터)이었다. 그러나 육안으로는 마찬가지로 금속 현으로 보이는 다른 E선(Art. No. 312421, Tonica, PIRASTRO 제품)은 두 종류의 금속 복합체였다. 230마이크로미터인 금속 심 주변에 두께 25마이크로미터의 알루미늄 판이 감겨 있어 최종적으로는 두께가 약 300마이크로미터였다.그림 18

다음으로 높은 음을 내는 A선(Art. No. 412221, Tonica, PIRASTRO

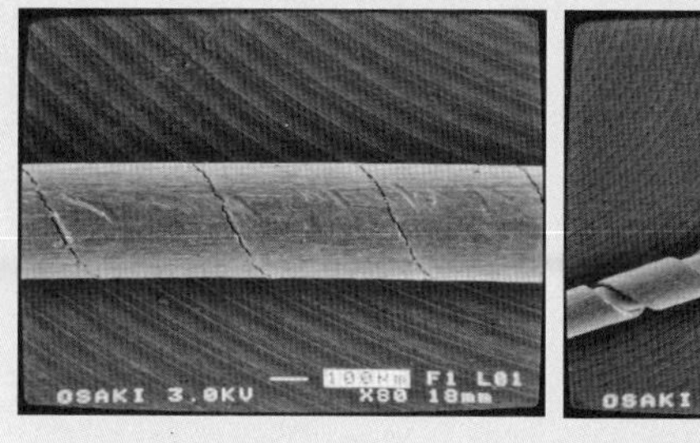

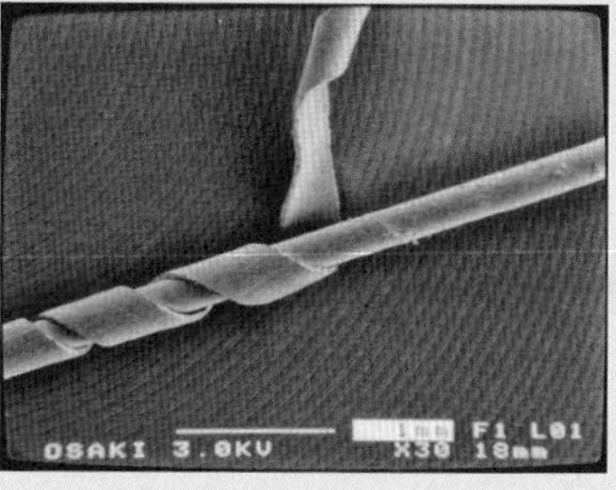

| 그림 18 | 금속 현 E선(Art. No. 312421, Tonica, PIRASTRO 제품)의 외관(왼쪽)과 내부 구조(오른쪽) 전자현미경 사진. 금속 심 주변에 알루미늄 판을 감았다.

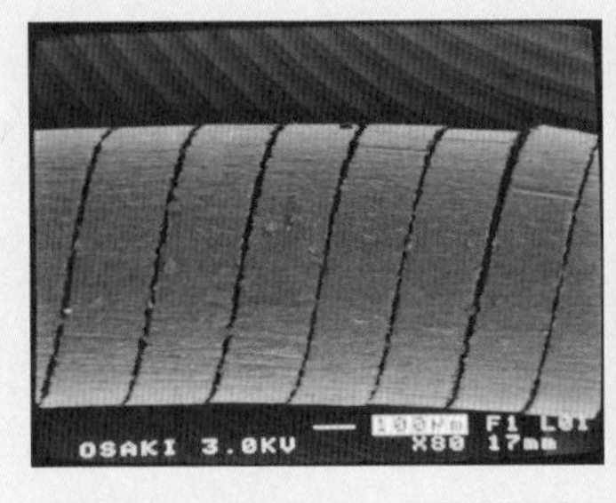

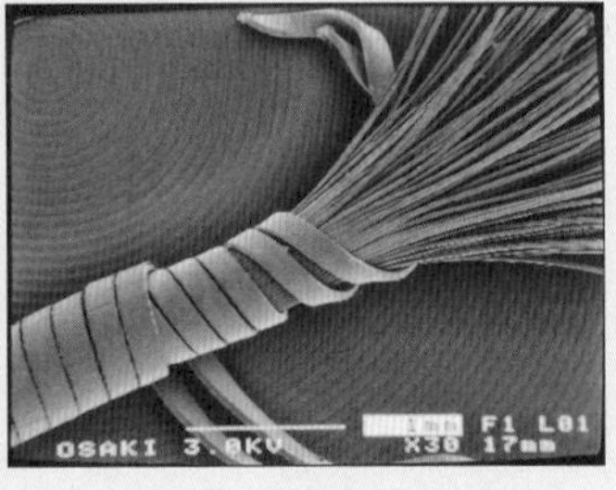

| 그림 19 | 나일론 현 A선(Art. No. 412221, Tonica, PIRASTRO 제품)의 외관(왼쪽)과 내부 구조(오른쪽) 전자현미경 사진. 가는 나일론 섬유 다발 주변에 알루미늄 판을 이중으로 감았다.

제품)은 육안으로 볼 때는 금속이라고 생각했으나, 이것도 아니었다. 얇은 나일론 섬유의 집합체를 심으로 하여 그 주변에 알루미늄 판을 이중으로 감은 현이었다. 두께 38마이크로미터짜리 알루미늄이 빈틈없이 감겨 있었다. 알루미늄이 겹쳐져 요철도 생겼는데 이 요철을 연마했을 때 발생한 듯 보이는 선이 현의 세로 방향에서 관찰되었다. 또한, 알루미늄 판 안쪽에는 폭이 같은 알루미늄 판이 반대 방향으로 감겨 있었다. 그리고 그 안쪽에 있는 지름이 370마이크로미터인 심부에는 지름이 28마이크로미터인 가는 나일론 섬유 다발이 차 있었다. 즉, 심부에는 가는 나일론 섬유가 여러 줄이 있고, 그 주변에 알루미늄 판이 이중으로 감겨 있는 복합적인 구조인 것이다.그림 19

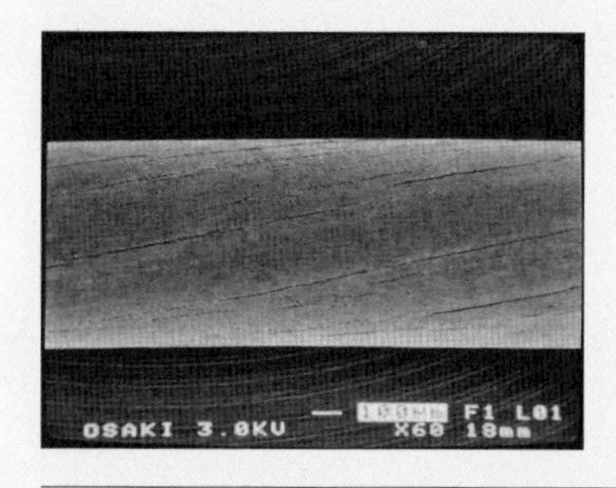

| 그림 20 | 거트 현 A선(Art. No. 112241, Chorda, PIRASTRO 제품)의 전자현미경 사진

거트로 된 A선(Art. No. 112241, Chorda, PIRASTRO 제품)은 두께가 750마이크로미터 정도로 표면이 매우 매끄러운 원기둥이다.그림 20 표면에 아주 작은 균열이 보이지만, 전체적으로 조금 오른쪽으로 비틀어진 것을 알 수 있다. 현을 잘라 보았더니 두께 130마이크로미터 정도의 균일하지 않은 두꺼운 섬유가 다발을 이루고 있었다. 물론 이 섬유도 매우 가는 콜라겐 섬유 다발의 집합체로 이루어져 있다고 추정된다. 같은 거트 현인 E선(Art. No. 112141, Chorda, PIRASTRO 제품)과 D선(Art. No. 112341, Chorda, PIRASTRO 제품)은 두께가 각각 555마이크로미터와 930마이크로미터이며, 이들도 표면이 매우 매끄럽고 느슨하게 오른쪽으로 말려 있었다.

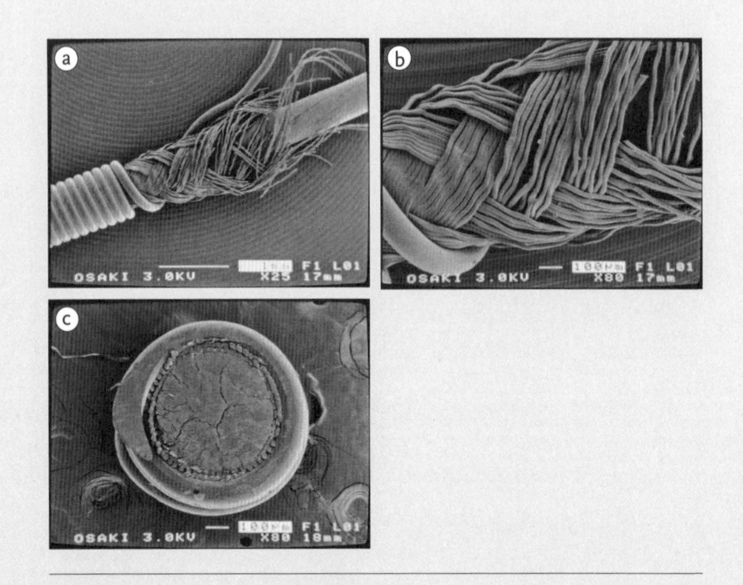

| 그림 21 | 금속으로 감긴 거트 현 G선(Art. No. 212441, Chorda, PIRASTRO 제품)의 전자현미경 사진. (a) 내부 구조. 심인 거트 주변에 섬유막이 있으며 그 위에 은실을 감았다. (b) 섬유의 확대도 (c) 단면

한편, 거트 현 중에는 심은 거트지만 그 주변은 금속으로 감은 유형도 있다. 예를 들어 금속으로 감은 거트 현인 G선(Art. No. 212441, Chorda, PIRASTRO 제품)은 거트를 심으로 삼아 그 표면을 두께 20마이크로미터인 합성섬유로 짠 막이 뒤덮고 있으며, 그 위에는 두께가 126마이크로미터인 은실이 빈틈없이 감겨 있

다.그림 21 거트 심 표면에는 짜임새의 흔적이 남아 있으니 꽤 단단히 감겨 있다고 볼 수 있다.

이처럼 바이올린 현을 관찰해 보면 다양한 구조로 되어 있다는 걸 알게 된다. 악기 본체에 비해 주목받지 못하고 눈에 띄지 않는 소모품으로 취급되기 쉽지만, 오랜 시간에 걸친 기술 진보의 흔적을 읽을 수 있다.

제 4 장

마법의 실과 음색의 비밀

'좋은 소리'란 무엇인가

거미줄 현을 완성했더니 음색을 객관적으로 평가하고 싶어졌다. 아무리 거미줄로 된 바이올린 현이 진귀하다고 해도 특징이 없으면 의미가 없다.

바이올린의 음색은 연주자의 실력에 따라 크게 달라진다. 아무리 좋은 악기를 사용해도 초보자와 프로의 차이는 단번에 알 수 있다. 하지만 역시 바이올린 본체가 좋은 음색에 큰 영향을 미치는 것도 사실이다. 저렴한 바이올린을 처음 연주했을 때에는 소리가 난 것만으로도 기뻤으나, 그 후 조금 더 비싼 바이올린을 연주해 보았더니 저렴한 바이올린보다 훨씬 더 좋은 소리가 났다. 그 차이는 초보자인 나도 알 수 있었다.

또한 활과 현에 따라서도 음색이 달라진다. 활의 털 부분은 소모품이라 오랫동안 사용하면 낡아서 끽끽거리고 좋은 소리가 잘 나지 않는다. 반대로 활의 털이 새것일 때는 송진을 바르지 않으면 제대로 된 소리가 나지 않는다. 소모품인 현 역시 사용할수록 마모가 되는 등 다양한 문제가 생겨서 좋은 소리가 잘 나지 않는다. 즉 바이올린 본체와 활, 활의 털, 현, 연주자가 모두 어우러져야 비로소 좋은 소리가 나는 것이다. 물론 각각의 장점뿐만 아니라 바이올린 본체와 잘 어울리는지도 중요하다.

'좋은 소리'를 과학적으로 평가하려면 어떻게 해야 좋을까? 실은 이미 방법이 존재한다. '배음倍音'의 양을 알아보면 된다. 배음이란 현 등의 진동체에서 발생하는 소리 중에 기본 진동수(진동체의 고유 진동 중 제일 적은 진동)의 정수배인 진동수를 가진 고주파 성분이다. 배음이 많으면 풍부한 소리라고 하며 깊이 있는 소리로 느껴진다고 한다.

음성 전문가나 음악가는 귀로 배음을 인식할 수 있다고 한다. 하지만 지금 내 능력으로 귀로 배음을 확인하는 건 무리다. 당연히 거미줄 현에서 어느 정도 배음이 나는지 등은 전혀 알지 못했다. 그렇지만 소리의 주파수를 해석하여 기존 현보다 배음이 많은지, 배음 강도가 어떤지를 알아볼 수는 있었다.

|

바이올린 음색의 해석

2010년 1월, 나는 그 일을 실행에 옮겼다. 녹음용 IC 레코더와 바이올린을 가지고 집 근처 악기점을 방문했다. 사실 이때의 거미줄 현은 아직 길이가 긴 현이 아닌 고리 몇 개를 연결한 끈 형태였다. 다른 사람이 본다면 '제대로 된 소리도 나지 않는데 주파수 해석이라니' 하며 비웃었을 테지만 그래도 나는 진지했다.

가게 주인에게 허락을 받아 방음 스튜디오를 사용할 수 있었다. 바이올린 현 네 개 중, D선을 금속, 거트, 거미줄 현 순서대로 바꾸어 소리를 녹음했다. 주파수 294헤르츠(Hz, 주파수의 단위)로 튜닝하여 개방 현 상태에서 활로 켜 보았다. 시행착오를 몇 번 반복한 뒤에 실전에서는 IC 레코더로 몇 번 녹음했다.

그리고 바로 집으로 돌아가 IC 레코더에 담긴 음성 데이터를 컴퓨터에 입력했다. 나는 소프트웨어를 사용해 푸리에변환(시간축에 따른 음성신호를 주파수별 소리의 강도로 교환하는 방법)하여 파워 스펙트럼(주파수를 가로축으로 하고 소리의 강도를 세로축으로 한 그래프)을 만들어 볼 생각이었다. 그러나 MP3 형식에서 WAV 형식으로 데이터 변환이 잘되지 않았다. 몇 번이나 시도한 끝에 IC 레코

더 소프트웨어에 원인이 있다는 것을 알게 되었고, 다른 IC 레코더를 구매하여 겨우 변환할 수 있었다. 여러모로 고생했지만 결국 소리를 푸리에변환하여 파워스펙트럼 시그널을 얻게 되었다.

2010년 여름 무렵에는 100센티미터나 되는 긴 거미줄 다발로 이음매의 매듭이 없고 잘 끊어지지 않는 현을 만들 수 있었다(제3장 참조). 그림 22가 바로 거미줄 현 D선과 금속 현, 거트 현으로 된 D선을 녹음하여 얻은 파워스펙트럼이다. 금속 현에서 얻은 파워스펙트럼 시그널은 튜닝한 293헤르츠에서 날카롭게 나타났으며, 다른 배음이 많았지만 모두 음의 강도(크기)가 매우 작았다.그림 22-a 또한 거트 현에서는 제2배음 강도가 컸으나, 그 이외 배음은 강도가 매우 작았다.그림 22-b 그러나 거미줄 현에서는 강도가 큰 배음을 많이 볼 수 있었다. 특히 제8, 9배음의 강도가 크며, 제3, 4, 5배음도 비교적 큰 것이 특징이었다.그림 22-c

즉, 거미줄 현의 음색은 지금까지 존재했던 현에는 없던 풍부한 음색이라는 것을 알게 되었다. 드디어 거미줄 현의 특징을 객관적으로 인식하게 된 것이다.

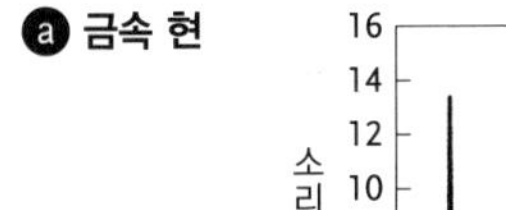

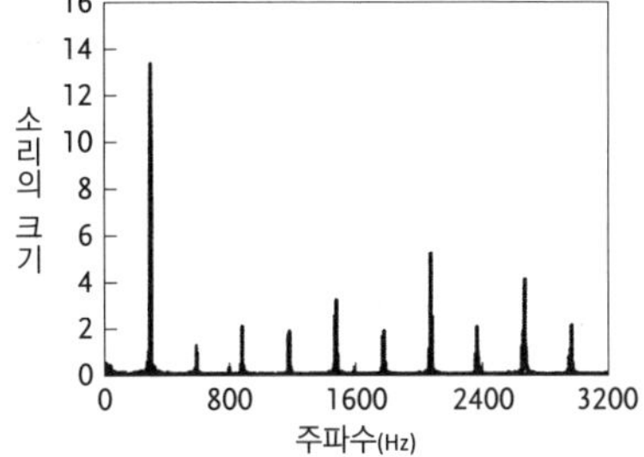

b 거트 현

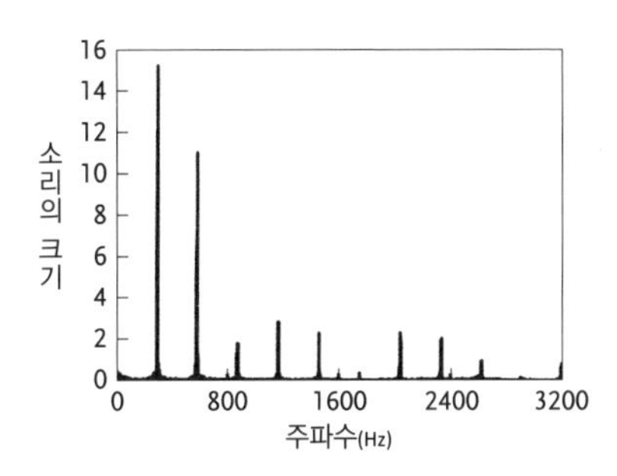

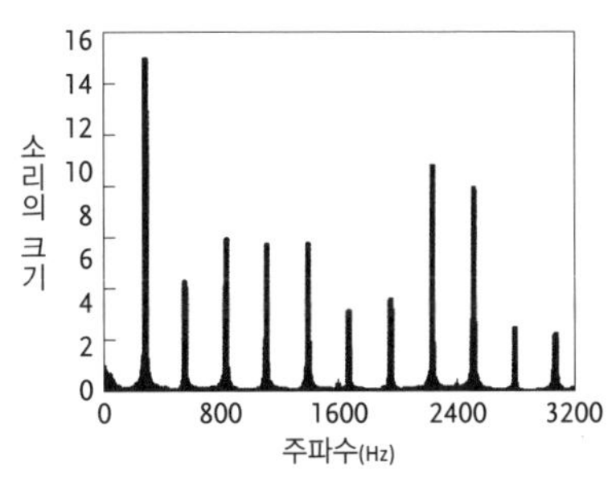

| 그림 22 | 각종 개방 현(D선)을 활로 켰을 때의 파워스펙트럼

(S. Osaki, *Physical Review Letters* 108, 2012, p. 154301에서 발췌)

스트라디바리우스를 뛰어넘다?

2011년 8월 어느 일요일, 시행착오를 거듭한 끝에 나는 몇 개월 이상 연주해도 끊어지지 않는 현을 겨우 완성하게 되었다. 그리고 바이올리니스트인 마쓰다 준이치 선생을 내가 근무하는 대학으로 초대했다. 거미줄 현을 설치한 바이올린을 연주해 달라고 부탁하기 위해서였다. 아무리 주파수 해석에서 평범한 현과 음색 차이를 보였다고 해도, 역시 프로의 귀를 통한 평가가 필요했다. 과학적인 연구지만 인간의 오감에 관한 일은 살아 있는 인간의 평가가 아직은 더 중요한 것이 사실이다.

마쓰다 선생에게 선생이 직접 가져온 바이올린(스트라디바리우스의 제자인 알레산드로 갈리아노 제작)과 내 저렴한 바이올린에 각각 거미줄 현과 기존의 금속 현, 거트 현을 설치하여 연주를 부탁했다. 피아니스트인, 선생의 부인에게도 평가를 부탁했다.

마쓰다 선생은 몇 번이나 비교하며 연주했고, 부인과 함께 소리를 평가했다. 어떤 평가가 나올지 애가 탔다. 다만 엉망이라는 평가를 들어도 내 마음은 개운해졌을 것이다. 언제까지나 자기만족만 하며 버티기는 힘들었기 때문이다.

마침내 결과가 발표되었다.

마쓰다 선생의 입에서 뜻밖의 말이 튀어나왔다. "연주하면 다양한 배음이 매우 선명하게 들립니다!" 계속해서 "지금까지 '굉장하다'고 알려진 현들은 배음 차이를 잘 구분할 수 없는 경우가 많았습니다. 하지만 이 현은 고음부의 배음을 바로 알 수 있군요"라고 말했다. "그렇지요?" 선생은 내게도 동의를 구했다. 당시의 나는 동의를 할 수 있을 만한 수준이 아니었지만 어쨌든 마쓰다 선생과 부인의 평가로 내 마음은 날아갈 것 같았다.

마쓰다 선생은 "연주회에서 아무 말도 하지 않고 거미줄 현을 설치한 바이올린(즉, 내 저렴한 바이올린)을 연주한 다음, 진짜 스트라디바리우스를 연주하면 둘 다 스트라디바리우스라고 착각할 겁니다"라고 말했다. 그리고 마쓰다 선생 부인도 "거미줄 현은 음색이 다를 뿐만 아니라 지금까지 불가능하다고 여겨졌던 표현을 할 수 있습니다. 음악 그 자체가 변화할 거예요"라면서 극찬을 해 주었다.

거미줄 현의 독특한 구조

나는 거미줄 현의 음색을 주파수로 해석한 결과를 2010년에 국내와 국제 학회에서 발표했다. 하지만 아무리 국내외 학회에 발표해도 국제적인 과학 잡지에 실리지 않으면 제대로 된 연구 성과로 인정받지 못한다. 영어 논문 작성을 서둘러야 했다.

논문으로 발표하기 위해서는 적어도 거미줄 현과 기존 현이 내는 소리에서 나타나는 파워스펙트럼 시그널의 차이를 데이터로 명확히 보여야 했다. 그래서 학회에 발표한 후에도 현을 새로 만들고 다시 실험하여 재현성을 더 시험해 보기로 했다. 그리고 나는 현악기의 진동 이론과 현의 재료와 음색에 관한 세계적인 연구 동향을 자세히 알아보았다. 그 결과, 현의 재료와 음색을 과학적으로 다룬 논문이 거의 없다는 사실을 알게 되었다. 물론 거미줄 현을 설치한 바이올린의 음색에 관한 연구 같은 건 어디에도 존재하지 않았다.

본격적인 영어 논문 작성에 착수한 건 2011년 6월 말부터였다. 거미줄 현의 역학 데이터와 현을 설치한 바이올린의 음색 주파수 해석 결과를 비롯해 음색에 부드러움과 깊이가 있다는 점

| 그림 23 | 나일론 현 단면 전자현미경 사진

에 중점을 두어 정리하기로 했다.

영어 논문을 작성하는 단계에서 전자현미경으로 촬영한 현 사진을 보면서 그때까지 자세히 알아보지 않았던 현 단면의 섬유(실) 형상을 진지하게 다시 살펴보기 시작했다. 그때, 현의 단면에 선입견을 깨트리는 독특한 밀집 충전 구조가 있다는 것을 처음으로 깨달았다.

나는 이전부터 원기둥 모양인 섬유 집합체는 실온에서 아무리 비틀어도 섬유 단면이 거의 원기둥 상태를 유지하며, 섬유 사이에 반드시 빈틈이 존재한다고 믿었다. 실제로 나일론 현의 단면을 살펴보면 섬유 사이에 빈틈이 전체의 30퍼센트 이상이다.그림 23 만약 섬유가 변형되어도 선형 범위 내의 변형, 즉 가해

| 그림 24 | 거미줄 현 단면 전자현미경 사진

진 힘을 없애면 원래대로 되돌아오는 정도로 작은 변형일 것이며, 섬유 사이에는 당연히 빈틈이 존재할 거라는 선입견을 갖고 있었다.

그러나 거미줄 현의 단면은 달랐다. 거미줄 하나하나의 단면이 원형이 아닌 다각형 모양으로 강하게(가해진 힘을 제외해도 원래대로 돌아가지 않는 비선형 범위 내에서) 변형되었다.그림 24 즉, 거미줄을 다발로 만들어 비틀면 압력이 가해져 단면이 원기둥에서 각기둥이 되며 거미줄 사이에 빈틈이 없어진다.

평범한 섬유 집합체는 섬유 사이에 빈틈이 있으며 당겼을 때 가늘고 약한 섬유부터 차례대로 끊어지고 서서히 전체를 지탱할 수 없게 되어 완전히 끊어진다. 그러나 이 거미줄 현처럼 빈틈이 없어지면 섬유(거미줄)가 서로의 면에 접촉하여 섬유 사이에 마찰이 큰 폭으로 커진다. 그 결과 빈틈이 많은 보통 섬유 집합체에 비해 탄성률이 크게 상승하면서, 일부 가는 섬유가 끊어져도 남은 섬유로 힘을 합쳐 지탱할 수 있기 때문에 현 자체는 쉽게 끊어지지 않게 된다.

전 세계의 문헌을 조사하는 도중에 비선형의 대폭 변형에 관한 이론도 찾아보았는데, 두께가 다른 섬유의 집합체에서 빈틈이 없어지는 현상에 관한 이론은 찾아볼 수 없었다. 거미줄로 된 현이 많은 배음을 낸다는 것도 놀라웠으나 매우 특수한 구조의 섬유 집합체라는 것 역시 상당히 놀라웠다. 이 독특한 구조에 관해서도 음색과 관계없이 별도 논문으로 발표해 보자고 생각했다.

어디에 투고할까?

제일 큰 고민은 바이올린 현에 관한 연구 논문을 투고하는 데 어울리는 과학 잡지를 발견하지 못한 점이었다. 거미줄 현 연구는 분야 면에서 보면 재료과학인 동시에 음악이기도 하다. 애초

에 다학제 영역(여러 학문 분야에 걸친 영역-옮긴이)이라고 불리는 분야의 연구 성과를 담은 논문은 투고하기가 매우 어렵다. 소재 분야에 투고하면 "이건 음악이잖아요!"라며 거절당할 것이고, 음악 분야에 투고하면 "자연과학적인 연구는 심사할 수 없습니다"라며 받아 주지 않을지도 모른다.

과거 연구를 찾아보니 현에 관한 음향학적인 연구는 나름 존재했다. 소리의 진동 이론은 물리학으로 취급할 수 있다. 그 때문인지 노벨물리학상 수상자인 찬드라세카라 벵카타 라만 박사가 음향학에 대해 논문을 발표했던 것처럼 오래전부터 물리학자 중에는 음악에 흥미를 가진 사람이 많았던 모양이다.

하지만 현의 재료에 관한 과학적인 연구 성과를 게재한 잡지는 거의 찾아볼 수 없었다. 존재하더라도 특정 지역에 한정된 잡지였다. 바이올린 현은 기존 시판 현이 정착되어 있으므로 지금와서 새로운 재료를 자연과학적 접근으로 검토하는 논문을 생각할 필요가 없는 상황인 것 같았다. 즉, 현대에는 확립된 악기를 사용해 얼마나 훌륭한 연주 기술을 연마하느냐가 중요했다.

어쨌든 재료와 음악이라는 동떨어진 분야의 연구를 이해할 수 있는 심사위원이 있는 잡지를 찾아야 했다.

이전에 나는 거미줄의 '2의 안전 법칙'과 사회과학적 현상을 관련지은 논문을 써서 《네이처Nature》에 게재한 적이 있었다. 전문 분야가 광범위한 다학제 영역으로 분류되는 내용이라면 《네이처》가 괜찮을지도 모른다는 생각이 들었다.

그래서 음색에 관한 기술에 중점을 두고 현의 독특한 구조에 대해서는 다루지 않는 구성으로 논문을 작성하여 《네이처》에 먼저 투고해 보았다. 《네이처》 측도 꽤 고민한 듯 답변이 늦었는데 결과는 거절이었다. "많은 독자가 흥미로워할 것 같지만, 과학적인 면이 부족하다"라는 이유였다. 아무리 설득을 해도 안 되는 건 안 되는 것이었다. 이 결과를 참고하여 역학 특성의 정량적 평가와 현의 특수한 구조에 대한 과학적 근거를 방대하게 기술하고, 음색에 관한 기술을 덧붙여 다른 잡지에 다시 투고해 보기로 했다.

나는 2012년 3월 말에 대학을 퇴직할 예정이었다. 그때까지 남은 6개월 정도의 기간에 투고부터 게재까지 마치고 싶었다. 내게는 남은 시간이 별로 없었다.

PRL에 원고를 보내다

그러던 어느 날, 같은 대학 물리학과 히라이 구니토모 교수에게 "음악 관련 논문을 투고할 수 있는 잡지를 알고 계십니까?"라고 물어보았다. 물리학 분야에는 음악에 흥미를 가진 연구자가 많을 것 같았기 때문이다. 그랬더니 히라이 교수는 "《피지컬 리뷰 레터》(이하 PRL)가 어울릴 것 같습니다"라고 답했다. 미국 물리학회의 학회지였다.

그때까지 미국 물리학회가 발행하는 기초와 응용 분야를 포괄하는 잡지에 내 논문이 몇 번 게재된 적은 있었다. 하지만 PRL에서 취급하는 주제는 내 연구 과제와는 꽤 동떨어져 있다고 생각했다.

히라이 교수에게 "어떤 수준의 잡지입니까?" 라고 물었더니 그는 "세계 물리학 분야 잡지 중에 논문이 게재되기 제일 어려운 잡지입니다"라고 말했다. "소재, 음악, 음향 등 폭넓은 분야의 전문 심사위원이 있습니다"라는 이야기도 했다. 그래서 '물에 빠진 사람이 지푸라기라도 잡는' 심정으로 무모하게도 PRL에 투고해 보기로 결심했다. 어쨌든 음악 분야다. PRL에서 거절한다면 논문을 투고하지 않고 묻어 둘 수밖에 없었다. 마치 벼랑 끝에 몰린 듯한 심정이었다. 어쨌든 내게 남겨진 시간은 6개월밖에 없었다.

어느 정도 정리되었던 원고에 바이올리니스트의 평가와 거미줄 단면의 밀집 충전 구조를 자세히 덧붙여서 PRL 스타일로 바꾼 원고를 새로 정리하기 시작했다. 내가 과거에 제출한 거미줄과 콜라겐에 관한 연구 논문도 인용하여, 그 논문이 지금의 성과로 이어진 내용도 다루었다. 논문에서는 음악을 현의 재료 측면에서 살펴본다는 관점을 고수했다. 몇 번이나 검토한 끝에 2011년 11월 8일에 투고를 완료했다.

요즘은 인터넷으로 투고하기 때문에 빨리 투고하면 게재 여부 답변도 빨리 받을 수 있다. 그러나 투고한 지 한 달이 지나도 PRL 측에서 답변이 오지 않았다. 크리스마스 때문에 심사위원이 휴가 중인 걸까, 혹시 논문 내용을 도둑맞은 건 아닐까…….

논문을 심사하는 측의 전문 분야는 투고한 논문의 연구 내용과 가깝다. 그러므로 논문 내용을 평가하는 데 적합하지만 심사 결과를 늦추고 재빠르게 실험을 재현하여 내용이 같은 논문을 먼저 발표해 버릴 가능성도 있었다. 이런 아픔을 나는 과거에 두 번 정도 쓰라리게 경험했다.

답변이 늦는다. 너무 늦는다. 하지만 재촉해서 편집장의 기분을 나쁘게 만드는 건 좋지 않다. 어떻게 할지 고민하면서 시간만 흘렀다. 참을 수 없어서 재촉하는 메일 초고를 써 두었다. 연말이 다 지나도록 답변은 오지 않았다. 투고한 지 40일이나 지나 있었다.

1월 2일 새해가 되고 아무래도 참을 수 없어서 PRL을 재촉하기로 했다. 이미 준비해 둔 "제 논문의 상황을 알려 주시겠습니까?"라는 내용의 메일을 보냈다. 그랬더니 다음다음 날, 편집장에게 "원고는 현재 논평 중입니다. 한 명의 심사위원에게서는 답장이 왔고 또 다른 심사위원과 연락을 취하고 있으며, 머지않아 결과가 보고될 것입니다"라는 답변이 왔다. 이러한 경우, 답변이 늦는 심사위원이 꽤 심하게 논문에 이의를 제기하는 경우가 종종 있으므로 거절당할지도 모른다는 생각이 들었다.

2주 정도 후에 편집장으로부터 심사위원 코멘트가 담긴 메일이 왔다. 역시 답변이 늦은 심사위원 코멘트가 매우 까다로웠다.

논문 심사위원과의 격한 대화

A. 호의적인 심사위원에 대한 대응

심사위원 한 명은 "논문은 새로운 현에 대해 자세히 해석하였다. 게다가 새로운 현의 제작 방법을 상세히 기재하였다. …… 현을 만들기 위해 거미줄을 모아 실험한 결과 거미줄을 기능적인 현으로 실제로 사용할 수 있다는 걸 알게 되었으니 매우 굉장한 일이다.…… 아이디어와 실험이 멋지며, 해석이 완벽하고 깊이가 있다"라는 내용의 코멘트를 했다. 그리고 "게재해도 좋다. 가능하면 보충 데이터로 기존의 현과 비교한 음색을 오디오 파일로 추가했으면 좋겠다"라고 덧붙였다.

칭찬을 받으니 꽤 기뻤다. 그러나 마지막에 예상 밖 부탁이 있어 곤란함을 느꼈다. 예전에는 종이 인쇄물인 과학 잡지에 오디오 파일을 첨부할 수 없었으나 최근 전자저널에는 음성 입력이 가능하다. 음성을 첨부한 논문은 독자가 음색을 직접 듣고 정당하게 평가할 수 있으므로 고맙기도 했지만 눈속임이 통하지 않는 엄격함이 따랐다.

그리고 더 큰 문제는 바이올린 연주 기술에 자신이 없어서 「황

성의 달荒城の月」과 같은 간단한 일본 곡밖에 연주할 수 없는 내가 오디오 파일을 단시간에 어떻게 만드느냐였다. 고민해 봤자 시간만 흐를 뿐이었다. 타이밍을 놓치면 논문 게재 가능성도 없어지고 만다. 빨리 대응해야 했다.

그래서 이전부터 상담에 응해 주었던 오사카음악대학의 마쓰다 선생에게 용기를 내어 전화를 해 보았다. "연주해 주실 수 있을까요?" 하고 물었더니 선생은 흔쾌히 수락해 주었다!

일주일 뒤, 나는 거미줄 현을 들고 오사카음악대학을 방문했다. 선생은 이미 연주와 녹음 준비를 해 두고 있었다. 거미줄 현뿐만 아니라 기존 현인 거트, 금속, 나일론 현으로도 연주를 부탁드렸다.

그리고 그때 나는 놀라운 말을 들었다. 마쓰다 선생이 "스트라디바리우스(Dancing Master's Violin 1720 "Gillott")로 연주해 보죠"라고 말했기 때문이다. 스트라디바리우스 연주 음성을 전자저널 논문에 부록으로 첨부할 수 있을 거라고는 상상조차 하지 못했다. 또한 선생은 "활은 프랑소와 투르트(바이올린 활 제작의 거장으로 18~19세기에 활약했다)가 만든 것을 사용하겠습니다"라고 말했다. 마쓰다 선생이 스트라디바리우스로 연주한 곡은 차이콥스키의 「바이올린 협주곡 2장조」 제2장의 일부였다. 선생은 세계적으로 유명하며 특히 서양인들에게 익숙한 곡을 선택한 것이다. 이때만큼 마쓰다 선생에게 감사했던 적이 없다.

대학으로 돌아오자마자 곡의 짧은 첫 부분을 각종 현으로 연주한 음성 파일을 편집부에 보냈다. 이 연주가 전 세계를 흥분시키게 될 줄은 그때는 전혀 상상도 하지 못했다.

B. 까다로운 심사위원에 대한 대응

그러나 중요한 과제는 다른 한 명의 엄격한 심사위원에 대한 대응이었다. 코멘트를 몇 번이나 다시 읽고 이 심사위원에게 어떤 답변을 보낼지 고민했다. 그것이 이 논문의 채택 여부를 결정할 것이라고 생각했다.

코멘트 내용은 심사위원의 전문 분야를 다룬 까다로운 내용이었다. 그는 "주제와 대부분의 질적인 내용은 매우 재미있다"고 했으나 "제출한 논문의 구조가 단순하며, 저자는 직물 역학이나 섬유 다발 이론을 다룬 문헌은 잘 찾아보지 않은 것 같다"라며 다양한 문헌을 제시했다. 또한 실험 결과에서 현을 비틀었을 때의 힘을 추정하여, 측정값 단위가 이상하다고 지적했고 비틀기의 통계적인 해석도 다양하게 지적했다. 코멘트는 세 쪽에 달했다. 그리고 마지막에 "직물 역학 관련 문헌을 인용하여 다시 써

주었으면 좋겠다"라는 이야기도 덧붙였다.

아무래도 이 심사위원은 직물 분야, 그중에서도 비틀기에 관한 이론가인 것 같았다. 섬유 단면이 원형에서 다각형으로 변화하고 섬유 사이에 빈틈이 없어지는 현상은 전 세계에서 한 번도 찾아보지 못한 새로운 발견이었다. 심사위원은 그 보기 드문 결과에 놀라면서도 자신의 전문 분야라는 무대에 나를 올려 세워 '이론적으로는 어떠한가?'라고 트집을 잡으려는 것 같았다. 심사위원이 제시한 문헌에서 다룬 비틀기 이론은 어차피 직선 영역의 이야기일 뿐이다. 하지만 내가 찾은 변형은 비선형영역의 변형이다. 그가 제시한 논문을 인용한다고 해서 해결할 수 있는 문제가 아니었다. 그저 단순히 자신이 제시한 문헌을 인용하라고 돌려 말하고 있는 것 같았다.

그래서 작전을 세웠다. 먼저 코멘트에 하나씩 정성스럽게 답변했다. 하지만 그가 지적한 이론적인 문제를 대놓고 언급하면 심사위원의 의도대로 무대에 올라가 이도저도 못하는 상황이 될지도 모른다. 그래서 코멘트 하나하나에 정성스럽게 답변하면서 내 논문의 주지를 명확하게 주장했고 그가 원하는 무대에는 올라가지 않았다. 까다롭게 반론하면서도 어찌 되든 상관없는 부분은 심사위원 의견을 따르고, 코멘트에 대한 대답은 코멘트보다 몇 배나 긴 문장으로 작성했다.

심사위원 두 명의 코멘트에 대한 답변, 일부를 수정한 논문 원고, 그리고 음성 파일을 편집장에게 보냈다. 발송 후에는 편집장이 심사위원의 판단 등을 고려하여 논문을 실을지 말지 최종 결정을 내린다. 그러므로 이제는 편집장의 답변을 기다리는 일밖에 남지 않았다.

답변은 바로 오지 않았다. 내가 과거에 논문을 투고한 다른 잡지에서는 이런 경우에 비교적 빨리 결과가 나왔다. 어찌 된 일일까? 역시 그 까다로운 심사위원이 불만을 토로한 걸까? 무척 애가 탔다.

드디어 논문이 실리다

편집장에게 답변 메일이 온 건 2월 말, 심사위원 코멘트에 답변을 보낸 지 10일 만의 일이었다. 두려운 마음으로 메일을 열어 보았다. 메일의 첫머리는 "We are pleased……"였다. 보자마자 긍정적인 답변이라는 것을 알 수 있었다. 이어서 "PRL 게재를 수리했음을 전합니다. 또한 당신에게 보내는 심사위원의 코멘트도

첨부합니다"라고 써 있었다.

까다로운 심사위원은 역시 내 논문에 한마디를 덧붙이고 싶은 것 같았다. "저자는 심사위원이 기대했던 답변을 보내지 않았으나, 코멘트에 꽤 열심히 답해 주었다. 단, 수정한 부분은 내 메시지를 따르지 않은 것 같다"라고 했다. 그러나 이어서 이런 코멘트를 했다. "다른 한 명의 심사위원이 제안한 오디오 파일을 고성능 헤드폰으로 들어 보면 정말 굉장하다. 나는 적절히 개정revise되었다고 생각하므로 기쁘게 받아들이고 있다. 그대로 출판하기를 추천한다."

아마도 내 반론 방식을 불쾌하게 생각한 고고한 심사위원은, 그 자존심 때문에 논문을 게재해도 좋다고 솔직하게 말하지 못한 것 같았다. 그래서 '오디오 파일로 곡을 들어 보니 매우 멋있었다'라며 다른 부분에서 납득의 이유를 찾아 OK를 한 것처럼 느껴졌다.

게재가 정해졌으니 이제 남은 문제는 논문이 게재될 때까지 어느 정도의 시간이 걸릴지였다. 대학에서 구독하는 PRL을 살펴보았더니 논문은 3월 말 또는 4월 초순에 게재될 거라고 예상할 수 있었다.

읽을거리

명기 스트라디바리우스

이 책에서 종종 등장하는 명품 악기, 스트라디바리우스의 역사를 거슬러 올라가 보자.

오늘날의 표준형 바이올린은 어쨌든 르네상스의 영향을 받을 수밖에 없었던 16세기 초기 북이탈리아의 브레시아와 크레모나에서 탄생했다. 바이올린을 만든 인물 중 한 사람인 비올라 제작자 가스파로 다 살로는 브레시아에 살았으며, 그보다 좀 더 일찍 활동했던 안드레아 아마티는 브레시아에서 80킬로미터 정도 떨어진 크레모나에 살았다. 크레모나는 수상 운송 덕분에 악기 재료를 쉽게 얻을 수 있는 지역이었다.

아마티가 만든 바이올린은 음질이 부드러워서 지금처럼 큰 콘서트홀에서 협주곡을 연주하는 데 맞지 않았다. 그 손자인 니콜라 아마티는 17세기에 활동하며 안토니오 스트라디바리와 안드레아 과르네리라는 문하생을 거장으로 성장시켰는데, 이 안토

니오 스트라디바리가 유명한 스트라디바리우스를 만들어 낸 스트라디바리다.

바이올린이 탄생하고 약 100년 후에 이탈리아 북부에서 태어난 스트라디바리는 많은 바이올린 명기를 만든 장인이다. 그는 자신의 작품에 라틴어로 자신의 이름을 써넣었다. 그리고 그때까지 표준으로 여겨지던 바이올린보다 크기를 3밀리미터 크게 해서 355밀리미터로 만들었으며, 폭도 넓혔다. 덕분에 큰 콘서트홀에서 공연을 해도 충분히 통용되는 큰 음향을 얻을 수 있는, 지금과 크기가 같은 바이올린이 만들어졌다.

당시에는 또 한 명의 명인인 주세페 과르네리, 통칭 과르네리 델 제스가 있었다. 그의 악기는 스트라디바리우스와는 대조적인 음색을 낸다고 알려져 있으며, 현존하는 뛰어난 많은 올드 바이올린 중에서도 제일 높은 순위를 차지한다.

스트라디바리우스는 한때 잊혀진 존재였다. 그러나 19세기 이후에 큰 행사장에서 이 바이올린이 연주되기 시작했고, 20세기에는 큰 행사장에 어울리는 악기로 인정받아 특별한 존재가 되었다. 최근에는 세계적인 경매에서 스트라디바리우스가 4억엔 전후로 낙찰되었다는 이야기도 있을 정도로 고가 브랜드가 되었다. 일본에도 바이올리니스트 쓰지 히사코 씨가 집을 팔아 구매했다는 이야기, 바이올리니스트 센주 마리코 씨가 스트라디바리우스를 구매할 수 있도록 가족이 모두 분주하게 나섰다는 이야기 등 이 명기에 관한 일화가 많다.

스트라디바리우스를 비롯한 역사적인 바이올린의 본체는 소모품인 현과 달리 그 자체가 지금도 살아 숨 쉬고 있기 때문에 가치가 높다. 그도 그럴 것이 300년 전에 만든 악기가 현재에도 남아 있으며 당시와 변함없는 음색을 낸다는 것은 멋진 이야기이다. 거미줄 현을 설치한 스트라디바리우스의 음색을 전 세계 최초로 들을 수 있었던 건 내게 굉장한 기쁨이었다.

제 5 장

음색이 세계에 울려 퍼지다

거미줄 현을 건 바이올린 음색은 논문 투고 전, 아직 현 만들기에 시행착오를 거듭하던 때부터 일찍이 화제가 되었다. 마지막 장에서는 국내 학회에서 처음으로 실연했던 일부터 논문 투고 후에 전 세계에서 취재 요청이 왔던 일까지 거미줄 현 바이올린의 음색이 순식간에 세계를 석권한 과정을 대략적으로 다루고 싶다.

학회 발표와 반향

거미줄 현의 음색을 처음으로 선보인 건 2010년 9월, 홋카이도대학에서 열린 고분자학회의 고분자 토론회(고분자학회에서는 연례대회가 봄에 개최되고 더욱 전문적이고 차분하게 참가자들이 토론에 임하는 토론회가 가을에 개최된다)에서였다. 단백질과 합성고분자 등 고분자 재료 분야 전문가들의 모임인 이 학회에서 '거미줄로 바이올린을 켤 수 있을까?'라는 제목으로 발표를 준비했다. 재료라는 분야와 음악은 꽤 동떨어져 있으니 재료 전문가들에게 무시당할지도 모른다는 생각이 들었다. 발표에 따른 반응 역시 전혀 예상할 수 없었기에 불안이 컸다.

9월에 접어들어도 나라와 교토는 섭씨 35도로 더웠다. 예년이었다면 늦더위라고 했겠지만 이해에는 한여름과 다를 바 없는 더위였다. 그 더위 속에서 강연을 앞둔 토요일과 일요일에 집에서 현 만들기에 힘을 쏟았다. 가장 가느다란 E선은 처음부터 포기했지만 A, D, G선인 3개의 현을 어떻게 할지 고민이었다. 하필 사용하려고 했던 현이 끊어졌던 것이다. 튜닝도 잘되어 있어 안심했던 현이었다. 학회까지 더는 시간이 없었다. 한 번 끊어진 현은 사용할 수 없으니 어쨌든 아주 조금 남은 거미줄로 현을 만들어 보고 마지막에는 얼버무리는 수밖에 없었다. 실은 학회에서 실연하는 것이 불안했지만 곡 전체를 연주하기는 어렵더라도 도입부 부분만이라면 어떻게든 될 거라고 생각했다.

그리고 9월 14일 오후, 간사이국제공항을 통해 홋카이도로 향했다. 컴퓨터와 대형 카메라를 담은 캐리어를 오른손에 쥐고 바이올린 케이스를 왼쪽 어깨에 걸친 거창한 차림이었다. 비행기에 올라타 좌석에 앉았더니 객실 승무원이 다가와 "바이올린 케이스가 기준보다 조금 커서 좌석에는 반입하실 수 없습니다. 따로 보관해 드려도 괜찮을까요?"라고 말했다. 하지만 나는 "이 바이올린은 대체품이 없는 매우 중요한 바이올린입니다. 1억 엔이라고 해도 좋을 정도로 귀중한 물건이지요"라고 대답했다. 1억 엔이라니 꽤 호들갑을 떤 것 같았지만, 돈으로 살 수 없는 물건이니 나는 그것도 저렴하다고 생각했다. 그랬더니 객실 승무원이 바로 내 말을 이해하고 바이올린 케이스를 머리 위 수하물 수납간에 넣어 주었다. 바이올린이 움직이지 않도록 몇 장의 담요로 틈새도 채워 주었다. 명기라고 오해한 걸지도 모르겠지만, 내 바이올린이 매우 귀중하다는 것을 충분히 이해해 준 것 같았다. 종종 연주 여행으로 명기를 운반하는 사람이 있어서 이러한 특례가 있는 것 같았다.

다음 날 15일, 토론회 일반 강연에서는 30분마다 한 건씩 발표가 이어졌다. 내 발표는 오후 4시 40분부터였으며 발표 시간 15분 전까지는 30퍼센트 정도의 좌석이 차 있었다. 그런데 발표 시간이 다가오면서 사람들이 여럿 강연장에 들어오기 시작했다. TV 방송국 두 곳에서 녹화 준비를 시작했을 무렵에는 강연장에 사람이 가득 차서 더는 들어올 수 없을 정도였다. 내 발표로 강연장에 사람이 더 들어올 수 없을 정도로 꽉 찬 것은 5년 전, 나고야에서 열린 고분자학회 연례 대회에서 '거미줄에 사람이 매달리다'라는 제목으로 연구를 발표했을 때 경험해 본 바 있다. 발표하는 중에도 청중들의 열기를 피부로 느낄 수 있었다.

강연 마지막에는 드디어 「황성의 달」을 바이올린으로 연주했다. 강연장 분위기는 매우 달아올랐으며 연주 후에는 질문이 너무 많아 주어진 시간을 초과하고 말았다. 또한 강연이 끝난 뒤에 큰 박수를 받았다. 일반 강연에서 박수를 받다니 생각지 못한 일이었다. 현이 끊어지지도 않았고 연습한 덕분에 연주를 무사히 해낼 수 있었다. 열심히 들어 준 청중들에게 감사할 뿐이었다. 고분자학회 발표 중에 이번처럼 악기를 연주하는 일은 학회 역사상 처음이었다고 한다.

그해 12월에는 국립교토국제회관에서 개최된 폴리펩타이드 국제학회에서 역시 거미줄 바이올린에 대해 포스터 발표를 했고, 만찬회 자리에서 노벨상 수상자 두 명을 비롯한 국내외 연구자 500여 명을 앞에 두고 바이올린을 연주했다. 학회 실행위원장에게 "발표와는 별도로 여흥으로 바이올린을 연주해 주었으면 좋겠다"라고 의뢰받은 것이다. 창피를 무릅쓰고 무대에 서

| **그림 25** | 국립교토국제회관에서 바이올린을 들고 무대에 선 저자의 모습

서 바이올린용으로 만든 현의 의의 등을 설명한 뒤에 연주를 했다.그림 25 거미줄 현을 건 바이올린의 음색을 처음 들어 감동한 것인지, 아니면 술 때문인지, 청중들의 반응은 굉장했다. 나도 굉장히 기뻤다.

취재 대응은 힘들어

고분자 토론회에서의 발표 직전에는 매스컴으로부터 잇따른 취재 의뢰에 대응하기에 바빴다. 9월 15일이 발표 당일이었는데 8일과 9일에 각 신문의 기자들이 연구실을 방문한 뒤에 10일 아침 신문에 기사를 냈고, TV 방송국과 라디오 방송국에서도 차례차례 연락이 왔다. 그 후, 강연 직전과 직후에도 몇 개 언론의 취재에 응했으며, 다음 날부터는 라디오, TV 등 열 개가 넘는 언론 취재에 차례대로 응했다.

취재에 응하면서 진땀을 흘리는 일도 종종 있었다. 요미우리 TV "오사카 혼와카 텔레비전" 스태프가 연구실에 찾아왔을 때의 일이다. 바이올린을 연주할 수 있는 여성 아나운서가 나를 인터뷰하기로 했다. 그런데 그가 인터뷰 당일, 바이올린을 가져왔다. 그리고 인터뷰 때 "제 바이올린 음색과 거미줄 현을 건 선생님 바이올린 음색을 비교해 주시겠습니까?"라고 부탁했다. 나는 그 자리에서 "지금은 개방현 이외에는 켤 수 없습니다"라고 거절했고 개방현 음색만 비교하기로 했다. 다른 바이올린의 음색과 비교하고 싶은 마음은 충분히 이해할 수 있었으나, 프로급인 사람이 연주를 하다가 현이 끊어진다면 현이 끊어진 것에 초점이 맞추어질까 봐 두려웠기 때문이다.

참고로 아주 최근에서야 프로가 연주해도 문제없는 수준의 현을 만들 수 있게 되었다. TV와 라디오 녹화 등에서는 녹화 중에 현이 끊어질까 봐 언제나 불안하다. 거트 현이나 금속 현이라면 현이 끊어져도 바로 예비 현으로 교체하면 된다. 하지만 거미줄 현은 그럴 수 없다. 끊어져도 예비 현이 없으므로 줄감개를 돌리거나 연주할 때는 힘이 들어가지 않도록 주의해야 하니 조심스러울 수밖에 없다.

이전에 거미줄에 매달린 실험을 했을 때도 마찬가지였다. 나는 거미줄 다발이 눈앞에 오도록 하고 끊어질 가능성을 염두에 두면서 해먹에 올라탔다. 그러나 거미줄 다발을 만드는 수고를 모르는 사람은 당연하게도 주의하지 않고 해먹에 올라타 버린다. 그 결과 종종 거미줄 다발이 끊어졌다. 나는 끊어질 것 같은 느낌이 들면 바로 내려온다. 내 아이처럼 소중하기 때문이다.

한편 거미줄 현이라서 좋은 점도 있다. 연주 중에 스스로도 음정이 이상하다고 생각되는 경우가 종종 있다. 그 가운데에는 내 연주 실력이 부족한 탓도 있을 테지만 거미줄을 사용했기 때문이라는 핑계로 도망칠 수 있다. 거미에게 도움을 받는 것이다.

유럽에서 온 간절한 편지

그러던 어느 날이었다. 외국에서 편지가 왔다. 인터넷이 발달해서 외국에서도 이메일로 연락을 하는 일이 많아지고 손편지는 줄어드는 추세인데 "무슨 일일까?" 하고 신기하게 생각하며 봉투를 열어 보았다.

보낸 사람은 유럽에서 연주 활동을 하며 독일에 사는 여성 바이올리니스트였다. "NHK 국제방송을 보고 선생님이 연주한 거미줄 바이올린 음색에 빠졌습니다.…… 거미줄 현을 제 연주에서 꼭 사용할 수 있게 해 주세요"라는 내용이었다. 더불어 "지금 당장이라도 일본에 가고 싶습니다. 현을 주실 수 있나요?"라는 간절한 부탁이 담겨 있었다.

게다가 뒷부분에는 그 아버지도 "제 딸은 유럽에서 바이올리니스트로 활동하고 있습니다. 어떻게든 딸이 거미줄 현으로 연주할 수 있게 도와주고 싶습니다. 양해 부탁드립니다"라고 덧붙였다. 열의가 담긴 편지였다.

하지만 나는 좀 더 많은 실험을 거듭하고 개량해서 현에 자신감을 갖게 된 후가 아니라면 프로가 사용하는 건 곤란하다고 생각했다. 그래서 "현재는 거미줄 현이 아직 바이올린 현으로서 안정적이지 않은 상태입니다. 프로의 연주를 견딜 수 있는 거미줄 현을 만들게 되면 연락하겠습니다"라고 편지를 썼고, 그 전망에 대해서도 전달했다. 그 후에도 편지를 받았는데 바이올리니스트와 그 부모의 열의에 굉장히 놀랐던 기억이 난다.

조회수가 5억 건!

거미줄 바이올린을 선보였더니 검색엔진에서 내 이름의 조회수가 자꾸 상승하였다. 나와 함께 연구를 하는 공동연구자가 적고 단독 저자로 발표한 연구 논문이 많아서 2010년 8월 시점에 인터넷 포털사이트에서 내 이름을 검색했을 때의 조회수는 기껏해야 수천 건에 지나지 않았다.

하지만 2010년 9월 15일에 홋카이도대학에서 학회 발표를 했더니 9월 26일에는 조회수가 약 5만 3200건이나 되었다. 29일에는 약 6만 9400건, 10월 1일에는 7만 3000건이었다. 2011년 1월 26일에는 1억 3100만 건, 1월 28일에는 약 1억 9200만 건, 29일에는 2억 900만 건, 30일에는 약 3억 6300만 건까지 상승

했다. 2월 3일에는 조금 줄어들어 약 2억 5900만 건이 되었으나, 2월 9일에는 무려 약 5억 4000만 건이 되었다.

신기한 조회수였다. 이때는 뭐가 어떻게 된 것인지 알 수 없는 상태에서 내 연구실 직원이었던 야마모토 게이조 준교수와 마쓰히라 다카시 박사와 함께 고개를 갸웃거렸다. 아마도 작년의 학회 발표를 시작으로 많은 신문과 TV, 라디오 등 언론에서 거미줄 바이올린을 다루고 크게 확산된 영향이었을 것이다.

세계 각지에서 쏟아지는 관심

앞서 이야기했던 것처럼 2012년 2월 말에 《피지컬 리뷰 레터》의 편집장에게 "논문을 수리했습니다"라는 메일을 받았다. 투고 후 수리 답장을 받을 때까지 100일이나 걸렸다.

논문 수리 후에는 논문 게재까지 인쇄 확인을 비롯한 사무적인 절차가 남을 뿐이었기에 어깨에 지고 있던 짐을 내려놓은 기분이었다. 하지만 이번에는 짐을 내려놓기는커녕 정반대인 일이 일어났다.

3월 2일 금요일 아침에 출근하여 메일을 확인했더니 당일 0시가 지나고 얼마 안 있어 《뉴 사이언티스트New Scientist》와 BBC를 시작으로 해외에서 잇달아 메일이 와 있었다. 논문은 4일 전에 수리되었을 뿐이었는데 말이다. 순서는 영국을 비롯한 유럽을 시작으로, 미대륙, 오세아니아, 아시아, 아프리카 순서였으며 그리니치 천문대를 기점으로 지구를 한 바퀴 돈 형태였다.

다음 주 월요일에는 외국 출판사, 신문사, 방송국 등에서 오는 연락이 점점 늘어났다. 프랑스, 독일, 스페인 등 유럽을 비롯해 미국과 캐나다, 오스트레일리아, 뉴질랜드 등 매스컴에서 메일과 전화로 잇달아 취재 요청이 왔다. 시차 때문에 인터뷰 의뢰에는 응할 수 없었으나, 영국 BBC 월드 뉴스와 미국 ABC 뉴스의 취재 의뢰도 있었다. 메일 건수가 너무 많았기에 아침부터 계속 컴퓨터 앞에 앉아 있어야 했다.

나는 해외 매스컴들의 갑작스러운 접촉에 당황했다. 아직 논문 발표 전인데 어떻게 이렇게 빨리 정보를 얻은 걸까. 《뉴 사이언티스트》의 메일을 잘 읽어 보았더니 그 수수께끼가 풀렸다.

1956년에 창간된 《뉴 사이언티스트》는 과학기술의 최신 동향에 대한 정보를 다루는 영국 주간지이다. 그 편집장에게서 온 메일에는 "어제 미국 물리학회 미팅에 참석했다가 PRL에 공개될 당신이 쓴 '거미줄로 바이올린 현을 만든다'라는 논문을 소

개받았습니다. 그 이야기를 지금 당장 나누고 싶습니다"라는 내용이 쓰여 있었다. 이것을 본 뒤에야 겨우 PRL이 사전에 매스컴을 상대로 기자회견을 열었고, 보도자료를 배포했다는 것을 알 수 있었다. BBC를 비롯한 많은 언론을 통해 거미줄 현을 설치한 바이올린의 음색이 전 세계에 울려 퍼졌다. 그에 대한 반응은 무척 빨랐으며 대단했다. 많은 독자와 제조업체들의 문의도 쇄도했다.

그 뒤에도 계속 메일이 왔다. 3월 말까지는 연구실 정리에 집중할 예정이었는데 매스컴 대응 때문에 그럴 수 없게 되었다. 한편 나는 이전부터 참가하던 피부이식 연구를 임상 응용하기 위해 임상 피부과학 교실 특임교수로서 대학에 남게 되었다. 덕분에 교수실 정리는 조금 늦어도 괜찮은 상황이었다.

논문 용량과 사진 크기 등에 대한 논의, 4월로 예정된 교정본 확인 등으로 전자판 논문 발표가 조금 늦어질 것 같았다. 결국 4월 16일이 되어서야 인터넷상에 논문이 공표되었다.

국내 매스컴의 반응은 그 뒤의 일이었다. 4월 20일에 《요미우리신문》과 교도통신이 배포하는 지방지 등에 기사가 게재되었으며 라디오, TV 등 많은 매스컴에서 논문 내용을 보도했다.

울려라, 어메이징 그레이스

취재 대응과 별도로 강연 기회도 많았다. 지금까지 초등학생부터 대학생, 사회인, 고령자까지 다양한 연령층을 대상으로 시민 공개강좌와 학회 특별 강연 등, 여러 곳에서 거미줄 이야기를 해 왔다. 덧붙여 최근에는 강연 마지막 부분에 바이올린을 연주하고 있다.

거미줄로 바이올린 현을 만들기 시작했을 때에는 다키 렌타로가 작곡한 「황성의 달」을 연주했다. 성에 대해서는 개인적으로 깊은 감상이 있다. 내 고향은 히메지성이 있는 반슈이다. 세계문화유산으로 지정된 히메지성은 내게 고향에 돌아가 긴장을 풀 수 있는 장소였다. 또한 시마네대학에 부임했을 때 살던 관사는 국보가 된 마쓰에성 북쪽에 있어서 휴일마다 성 안을 산책했었다. 「황성의 달」은 내 추억을 담은 곡이기도 했다.

바이올린을 배우기 시작했을 무렵에는 자기 실력도 모르고 연주하며 좋아했다. 하지만 몇 년 지나고 보니 내 실력을 조금은 인식할 수 있게 되었다. 음정은 맞았지만 부드러운 음악은 아니라고 느꼈다. 그래서 연주 속도를 고려하면서 서서히 음악과 가

까워지려는 노력을 하게 되었다.

연주하기 시작한 지 4년 정도 지난 뒤에는 연주 기술과는 별도로 거미줄 현이 기존의 현과 크게 다르다는 것을 점점 실감하게 되었다. 거미줄 현의 특색인 부드럽고 깊은 음색을 살릴 수 있는 곡을 연주하는 게 좋을 것 같았다. 그래서 부드러운 음악을 골라 보았고 연주곡을 「어메이징 그레이스」로 변경했다. 딱 1분 정도로 끝나는 곡이라 좋았다.

2015년 12월에는 일본오디오협회에서 '소리의 장인'으로 표창을 받았으며, 도쿄 메구로가조엔에서 강연한 뒤에 마무리로 「어메이징 그레이스」를 연주했다. 소리 전문가들이 모여서 소리의 질을 음미한 것이다. 바이올린 연주 실력이 향상되는 속도는 여전히 느리지만, 어떻게든 여러분에게 들려줄 수 있는 수준까지 실력을 성장시켜서 언젠가 거미줄 현의 독특한 음색을 함께 느끼고 싶다.

맺으며

거미와 어울린 지 40년 정도 되었다. 그동안 거미줄은 부드럽고 강하며 내열성과 자외선 내성, 위기 관리에 적합한 구조까지 갖추고 있다는 것을 밝혀냈다. 4억 년이라는 거미 진화사의 깊이는 놀라울 뿐이다. 하지만 더 놀라운 것은 '거미줄을 악기 현으로 만든다면?'이라는 꿈을 실현하게 된 것이다. 설마 실현할 수 있을 거라고는 나 역시도 생각하지 못했다.

지금 생각해 보면 가는 거미줄을 끈기 있게 모으고 현을 만든 뒤에 바이올린에 걸어 청중 앞에서 독특한 음색을 선보이기까지 과정은 고난과 실패의 연속이었다. 30년 전에는 거미줄을 샤미센 현으로 사용해 보려고 했으나 결국 현악기의 여왕이라고 불리는 바이올린 현으로 만들었다. 물론 세계 최초였다.

거미줄 현으로 연주했을 때의 음색은 감각적으로도 과학적으로도 다른 재료와 명백히 달랐다. 바이올린 음색에 새로운 매력이 더해져 커다란 가능성이 탄생한 것인지도 모른다는 생각이 든다. 여러분도 이 책을 읽고 거미줄을 악기 현으로 만들게 된 우여곡절의 과정을 잘 알게 되었을 것이다. 내 고생은 그렇다 치고 거미줄 현으로 바이올린을 연주할 수 있었다는 사실만은 부디 알아 주었으면 좋겠다.

그 연주에 이르는 과정에서 다양한 문제도 발생했다. 거미를 상대하니 이웃 사람들에게 이상한 사람 취급을 받기도 했다. 또 이미 노벨상을 받은 학자인 라만 박사가 악기에 대한 물리학적인 연구를 했음에도 불구하고 내가 악기를 다루는 것을 놀이로 취급받기도 했다. 그래도 나는 거미줄의 매력에 끌려 계속 꿈을 좇을 수 있었다.

하지만 현실에서의 현 만들기는 생각만큼 쉬운 일이 아니었다. 처음으로 소리를 냈을 때는 비교적 쉽게 완성했지만 다양한 시도를 하면서 문제가 발생했고, 많이 좌절하기도 했다. 그래도 내가 만든 거미줄 현을 최고의 바이올린인 스트라디바리우스에 걸어 연주했을 때는 그동안 겪었던 많은 문제와 고생을 잊을 수 있었다. 그리고 지금까지 아무도 생각하지 못했던 일을 실현하는 감동을 맛보았다.

많은 사람이 자신이 생활 속에서 배워 온 상식을 그대로 받아들이며, 자신이 모르는 것은 비상식이라고 생각한다. 하지만 새로운 도전은 이와 반대로 생각할 때 가능하다. 많은 사람에게 받아들여지지 않은 것이야말로 도전할 가치가 있다. 도전이 성공하면 다른 사람들의 시선이 180도 바뀌기도 한다. 거미줄이 악기 현이 될 수 있다는 것을 알고, 새로운 음색으로 연주할 수 있다는 가능성이 인식되어 음악가가 거미줄 현을 사용하게 되면 많은 사람의 이해도 깊어지지 않을까?

거미줄 현 제작과 함께 시작한 바이올린 연주를 향한 나의 도전은 일단 성공했다고 할 수 있으나 이후 더 멋진 음색을 내는 현 만들기에 힘쓰고 싶다. 그리고 오케스트라로 멋진 음색을 선보이는 날을 목표로 계속 도전하고 싶다.

내 거미줄 연구는 애초에 취미로 시작했기 때문에 연구 기한이 정해져 있지 않았고 당장 성과가 필요하지도 않았으므로 여러 가지 각도에서 접근해 볼 수 있었다. 결과적으로 거미는 재밌는 것을 가르쳐 주는 내 소중한 스승이 되었다. 즐겁게 연구하면서 새로운 것들과 많이 조우하고 감동을 느낄 수 있는 기회를 준 거미에게 특히 감사하고 싶다.

마지막으로 거미줄로 바이올린용 현을 만든 결정적인 계기를 마련해 준 바이올리니스트 마쓰다 준이치 선생님과 나라현립의과대학의 우에노 사토루 교수에게 감사드린다. 또한 현을 개량할 때 힌트를 준 바이올리니스트 가와무라 사요코 씨와 시로마 후미 씨, 그리고 현의 음색 평가와 과제를 내 주신 도쿄예술대학의 가즈키 사와 학장님에게도 감사드린다. 그리고 특히 이 책을 쓰면서 전체적인 구성 및 기타 사항에 대해 다양한 조언과 협조를 해 준 이와나미쇼텐의 쓰지무라 기보 씨에게 감사드린다. 또한 일련의 거미줄 연구에서 문부과학성의 과학연구비 원조를 받게 된 것에 감사한다.

2016년 7월

오사키 시게요시

참고 문헌

제1장

F. Lucas, "Spiders and Their Silks," *Discovery* 25, 1964, pp. 20-26.

S. Osaki, "Chemistry of Spider's Thread," *Journal of Synthetic Organic Chemistry, Japan* 43, 1985, pp. 828-835.

______, "Electrification Due to Peeling of Pressure-Sensitive Adhesive Paper—I. Anomalous Electrification," *Sen'i Gakkaishi* 42, 1986, pp. 610-617.

______, "Electrification Due to Peeling of Pressure-Sensitive Adhesive Paper—II. Electrification Mechanism," *Sen'i Gakkaishi* 42, 1986, pp. 665-670.

______, "Microwaves Quickly Determine the Fiber Orientation of Paper," *Tappi Journal* 70, 1987, pp. 105-108.

______, "A new method for quick determination of molecular orientation in poly(ethyleneterephthalate) films by use of polarized microwaves," *Polymer Journal* 19, 1987, p. 821.

_______, "Dielectric anisotropy of stretched poly(ethyleneterephthalate) at microwave frequencies," *Journal of Applied Physics* 64, 1988, pp. 4181-4186.

_______, "Orientation test," *Nature* 347, 1990, p. 132.

_______, "Distribution map of collagen fiber orientation in a whole calf skin," *The Anatomical Record* 254, 1999, pp. 147-152.

R. W. Work, "The force-elongation behavior of web fibers and silk forcibly obtained from orb-web-spinning spiders," *Textile Research Journal* 46, 1976, pp. 485-492.

大﨑茂芳, 『クモの糸のミステリー』, 中央公論新社, 2000.

_______, 『コラーゲンの話』, 中央公論新社, 2007.

제 2 장

A. Lazaris *et al.*, "Spider silk fibers spun from soluble recombinant silk produced in mammalian cells," *Science* 295, 2002, pp. 472-476.

C. Y. Hayashi and R. V. Lewis, "Molecular architecture and evolution of a modular spider silk protein gene," *Science* 287, 2000, pp. 1477-1479.

K. Nakamae *et al.*, "Measurement of the Elastic Moduli of Amorphous Atactic

Polystyrene by X-Ray Diffraction," *Kobunshi Ronbunshu* 42, 1985, pp. 211~217.

M. A. Becker *et al.*, "X-ray Moduli of Silk Fibers from Nephila clavipes and Bombyx mori," in D. Kaplan, W. W. Adams, B. Farmer and C. Viney(eds.), *Silk Polymers*, American Chemical Society, 1993, pp. 185~195.

M. Xu and R. V. Lewis, "Structure of a protein superfiber: spider dragline silk," *Proceedings of the National Academy of Sciences(PNAS)* 87, 1990, pp. 7120~7124.

S. Osaki, "Thermal Properties of Spider's Thread," *Acta Arachnologica* 37, 1989, pp. 69~75.

______, "Aging of Spider Silks," *Acta Arachnologica* 43, 1994, pp. 1~4.

______, "Spider silk as mechanical lifeline," *Nature* 384, 1996, p. 419.

______, "Effects of Ultraviolet Rays and Temperature on Spider Silks," *Acta Arachnologica* 46, 1997, pp. 1~4.

______, "Is the mechanical strength of spider's drag-lines reasonable as lifeline?," *International Journal of Biological Macromolecules* 24, 1999, pp. 283~287.

S. Osaki and R. Ishikawa, "Determination of Elastic Modulus of Spider's Silk," *Polymer Journal* 34, 2002, pp. 25~29.

S. Osaki, "Safety Coefficient of the Mechanical Lifeline of Spiders," *Polymer Journal*

35, 2003, pp. 261~265.

S. Osaki *et al.*, "Evaluation of the Resistance of Spider Silk to Ultraviolet Irradiation," *Polymer Journal* 36, 2004, pp. 623~627.

S. Osaki, "Ultraviolet Rays Mechanically Strengthen Spider's Silks," *Polymer Journal* 36, 2004, pp. 657~660.

_______, *Polymer Preprints, Japan* 55, 2006, p. 1844.

_______, "Allowable Mechanical Stress Applied to a Spider's Lifeline,"*Polymer Journal* 39, 2007, pp. 267~270.

_______, "Spiders' mechanical lifelines provide a key for the study of trust in the quality of materials," *Polymer Journal* 43, 2011, pp. 194~199.

S. Osaki and M. Osaki, "Evolution of spiders from nocturnal to diurnal gave spider silks mechanical resistance against UV irradiation," *Polymer Journal* 43, 2011, pp. 200~204.

T. Asakura *et al.*, "Elucidating Silk Structure Using Solid-State NMR," *Soft Matter* 9, 2013, p. 11440.

大﨑茂芳,『クモの糸のミステリー』, 中央公論新社, 2000.

_______,『クモはなぜ糸から落ちないのか』, PHP研究所, 2004.

_______,『クモの糸の秘密, 岩波書店』, 2008.

_______,『クモの巣はなぜ雨に強いのか?』, 第64回高分子討論会, 仙台, 2015.

제4장

H. Hertz, "Ueber die Berührung fester elastischer Körper," *Journal für die reine und angewandte Mathematik* 92, 1881, pp. 156-171.

S. Osaki, "A new method for the determination of polymer optical anisotropy," *Journal of Applied Physics* 76, 1994, pp. 4323-4326.

_______, "A new microwave cavity resonator for determining molecular orientation and dielectric anisotropy of sheet materials," *Review of Scientific Instruments* 68, 1997, p. 2518.

_______, "Spider silk violin strings with a unique packing structure generate a soft and profound timbre," *Physical Review Letters* 108, 2012, p. 154301.

金丸隆志,『Excelで學ぶ理論と技術フーリエ変換入門』, ソフトバンククリエイティブ, 2007.

安藤由典,『樂器の音響學』, 音樂之友社, 1996.

田中千香士 編,『CDでわかるヴァイオリンの名器と名曲』, ナツメ社, 2008.

N. H. Fletcher and T. Rossing, *The Physics of Musical Instruments*, Springer, 2005.

이상할지 모르지만 과학자입니다
거미줄 바이올린

1판 1쇄 인쇄 2019년 10월 8일
1판 1쇄 발행 2019년 10월 16일

지은이 오사키 시게요시
감수 최재천
옮긴이 박현아
펴낸이 김영곤
펴낸곳 아르테

책임편집 김지은
인문교양팀 장미희·전민지·박병익·김은솔
교정 박서운
디자인 스튜디오 비알엔

문학미디어사업부문
이사 신우섭
AC본부 본부장 원미선
영업 김한성·오서영·이광호
마케팅 도헌정 ·오수미 ·박수진
해외기획 장수연·이윤경
제작 이영민·권경민

출판등록 2000년 5월 6일 제406-2003-061호
주소 (10881) 경기도 파주시 회동길 201(문발동)
대표전화 031-955-2100
팩스 031-955-2151
이메일 book21@book21.co.kr
ISBN 978-89-509-8359-8 04400
978-89-509-8364-2 (세트)

페이스북 facebook.com/21arte
블로그 arte.kro.kr
인스타그램 instagram.com/21_arte
홈페이지 arte.book21.com

아르테는 (주)북이십일의 문학·교양 브랜드입니다.